输变电施工现场安全检查作业卡

电力电缆

国网北京市电力公司经济技术研究院
北京金电联供用电咨询有限公司 编

中国电力出版社
CHINA ELECTRIC POWER PRESS

内 容 提 要

《输变电施工现场安全检查作业卡》包括变电站土建与电气设备安装、架空电力线路、电力电缆3个分册。本书为《电力电缆》分册，分为暗挖隧道工程、隧道盾构工程及电力电缆安装工程3章。暗挖隧道工程按检查工序分为9节，分别为龙门架安装，龙门架拆除，竖井开挖及支护，马头门开挖及支护，隧道开挖及支护，竖井、隧道防水施工，竖井、隧道结构施工，附属工程施工，竖井回填施工；隧道盾构工程按检查工序分为11节，分别为围护桩施工，基坑开挖及支护，基坑防水、二衬结构及隧道内部结构施工，盾构竖井端头加固，龙门式起重机安装，龙门式起重机拆除，盾构机吊装、组装及调试，盾构机到达及拆除，盾构机掘进施工，附属设施施工；电力电缆安装工程按检查工序分为5节，分别为电缆敷设，电缆GIS/变压器终端安装，电缆户外终端安装，电缆中间接头安装，电缆停电切改。

本书可供暗挖隧道工程、隧道盾构工程及电力电缆安装工程监管施工、监理及施工单位检查人员学习使用。

图书在版编目（CIP）数据

输变电施工现场安全检查作业卡. 电力电缆／国网北京市电力公司经济技术研究院，北京金电联供用电咨询有限公司编 . —北京：中国电力出版社，2020.1（2020.5重印）

ISBN 978-7-5198-4056-3

Ⅰ．①输…　Ⅱ．①国…②北…　Ⅲ．①输配电－电力工程－工程施工－安全技术②电力电缆－工程施工－安全技术　Ⅳ．① TM7

中国版本图书馆 CIP 数据核字（2019）第 257579 号

出版发行：中国电力出版社
地　　　址：北京市东城区北京站西街 19 号（邮政编码 100005）
网　　　址：http://www.cepp.sgcc.com.cn
责任编辑：肖　敏（010-63412363）
责任校对：黄　蓓　郝军燕
装帧设计：张俊霞
责任印制：石　雷

印　　　刷：三河市万龙印装有限公司
版　　　次：2020 年 1 月第一版
印　　　次：2020 年 5 月北京第二次印刷
开　　　本：787 毫米 ×1092 毫米　16 开本
印　　　张：6.5
字　　　数：166 千字
印　　　数：1501—2500 册
定　　　价：25.00 元

编 委 会

主　　编	邓　华　蔡红军
副主编	李　瑛　刘守亮　李志鹏
编写人员	耿军伟　李　聪　张晓颖　陈　波　武　瑶　周　爽
	赵　磊　白　烁　刘卫国　王伟勇　张　健　李翔宇
	祁晓卿　耿　洋　巩晓昕　李　豪
审稿人员	杨宝杰　张春江　胡进辉　刘　畅　王小峰　才忠宾
	马　磊　郭咏翰

前　言

随着我国电网规模不断扩大，各类输变电现场施工任务繁重。国家电网有限公司发布"深化基建队伍改革、强化施工安全管理"十二项配套措施，破解影响输变电施工安全的难题。国网北京市电力公司认真贯彻各项国家安全生产法规制度和国家电网有限公司工作要求，全面落实基建专项改革决策部署，并结合北京地区实际情况，统筹考虑，主动适应，不断完善基建业务管理模式，逐步充实基建队伍资源，全面提升安全管控机制，有效保证了电网长期安全稳定局面，为社会发展提供了安全可靠的电力支撑。

国网北京市电力公司作为保障民生和助力首都经济发展的行业龙头，积极响应北京市政府号召，2015 年以来，大力开展北京市城市副中心电力建设、大兴新机场电力建设、"煤改电"清洁能源替换、配电网改造、充电桩建设等各类输变电建设工程。各类现场作业任务繁重，每日作业现场最多 300 余个，作业人员数千人。2015～2018 年，参与北京市输变电施工作业的相关企业超过 700 个，作业人员超过 5 万人。

生产作业现场安全检查是输变电施工安全生产监督的基础性工作，将安全检查做深做透，才能及时发现并处理安全隐患，做到安全预防有成效。为了规范输变电施工现场检查人员日常检查工作，增强现场安全检查实效，推动现场安全作业管理水平不断提高，作者参考相关标准、规程、规范及其他规定，结合实际工作经验，组织编写《输变电施工现场安全检查作业卡》，包括变电站土建与电气设备安装、架空电力线路、电力电缆 3 个分册。

本书为《电力电缆》分册，分为暗挖隧道工程、隧道盾构工程及电力电缆安装工程 3 章。暗挖隧道工程按检查工序分为 9 节，分别为龙门架安装，龙门架拆除，竖井开挖及支护，马头门开挖及支护，隧道开挖及支护，竖井、隧道防水施工，竖井、隧道结构施工，附属工程施工，竖井回填施工；隧道盾构工程按检查工序分为 11 节，分别为围护桩施工，基坑开挖及支护，基坑防水，二衬结构及隧道内部结构施工，盾构竖井端头加固，龙门式起重机安装，龙门式起重机拆除，盾构机吊装，组装及调试，盾构机到达及拆除，盾构机掘进施工，附属设施施工；电力电缆安装工程按检查工序分为 5 节，分别为电缆敷设，电缆 GIS/变压器终端安装，电缆户外终端安装，电缆中间接头安装，电缆停电切改。本书主要由检查表（包括组织措施、人员、设备、安全技术措施等检查内容、检查标准及检查结果）、各参建单位及各二级巡检组监督检查情况表组成，可供暗挖隧道工程、隧道盾构工程及电力电缆安装工程监管施工、监理及施工单位检查人员学习使用。

由于编写人员水平有限，书中难免存在不妥和疏漏之处，恳请广大读者批评指正。

编者

2019 年 10 月

目　录

1

暗挖隧道工程

1.1 龙门架安装

龙门架安装检查表见表1-1-1。

表1-1-1 龙门架安装检查表

工程名称: 井位:

工序	类别	检查内容	检查标准	检查结果		
				施工项目部	监理项目部	业主项目部
龙门架安装	组织措施	现场资料配置	施工现场应留存下列资料: 1. 龙门架安装专项安全施工方案或作业指导书。 2. 安全交底记录,技术交底记录。 3. 安全施工作业票。 4. 现场动火票。 5. 工作票交底视频录像或录音	□合 格 □不合格	□合 格 □不合格	□合 格 □不合格
		现场资料要求	1. 施工方案编制和审批手续齐全,施工负责人正确描述方案主要内容,现场按照施工方案执行。 2. 三级及以上风险等级工序作业前,办理"输变电工程安全施工作业票B",制定"输变电工程施工作业风险控制卡",补充风险控制措施,并由项目经理签发,填写风险复测单。 3. 安全风险识别、评估准确,各项预控措施有针对性。 4. 作业开始前,工作负责人对作业人员进行全员交底,内容与施工方案一致,并组织全员签字,工作内容与人员再次发生变化时须再次交底并填写工作票。 5. 作业过程中,工作负责人按照作业流程,逐项确认风险控制措施落实情况。 6. 作业票的工作内容、施工人员与现场一致	□合 格 □不合格	□合 格 □不合格	□合 格 □不合格
		现场安全文明施工标准化要求	1. 施工区设置安全围栏(围挡),与非施工区隔离。 2. 施工区入口处设安全警示牌:①必须戴安全帽;②高处作业必须系安全带;③当心落物。 3. 施工人员应统一佩戴胸卡,统一着装,正确佩戴安全防护用品,工作负责人穿红马甲,安全监护人穿黄马甲。 4. 工器具、材料分类码放整齐,标识清晰。 5. 传递工器具使用转向滑轮和绳索	□合 格 □不合格	□合 格 □不合格	□合 格 □不合格
	人员	现场人员配置	1. 施工负责人应为施工总承包单位人员(落实"同进同出"相关要求)。 2. 现场指挥人、安全监护人、电焊工、电工、高空作业人员、起重机司机、司索信号工等人员配置齐全(其中施工负责:1人;现场指挥:1人;安全监护:1人;电焊工:1~2人;电工:1人;高处作业:1~2人;司索信号工:1人;起重机司机:1人;其他人员:4~6人)	□合 格 □不合格	□合 格 □不合格	□合 格 □不合格

工序	类别	检查内容	检查标准	检查结果		
				施工项目部	监理项目部	业主项目部
龙门架安装	人员	现场人员要求	1. 施工负责人为施工总承包单位人员（落实"同进同出"相关要求）。 2. 起重机司机、司索信号工、挖掘机司机、电工、电焊工，须持有政府部门颁发的特种作业资格证书。 3. 项目经理、项目总工、专职安全员应通过公司的基建安全培训和考试合格后持证上岗。 4. 施工负责人、现场指挥人、安全监护人、质量员、测量员等人员配置齐全，经过培训并考试合格，持有相应证书。 5. 施工人员上岗前应进行岗位培训及安全教育并考试合格	□合　格 □不合格	□合　格 □不合格	□合　格 □不合格
	设备	现场设备配置	1. 8～25t起重机1台。 2. 工器具（电焊机2台、电葫芦1～2台等）、安全设施（安全带1～2套、消防器材1套、安全绳等）和测量仪器（全站仪、水平仪等）的数量、规格符合施工方案的要求。 配置信息见表1-1-3	□合　格 □不合格	□合　格 □不合格	□合　格 □不合格
		现场设备要求	1. 工器具、安全设施和计量仪器的定期检验合格证明齐全，且在有效期内。 2. 工器具、安全设施的进场检查记录齐全、规范。 3. 起重机相关手续齐全，起重机工作处地面平整稳固，支腿垫木坚硬，配重铁满足吊装及起重机稳定要求，起重机位置满足吊装要求。 4. 临近高压线吊装作业要保证安全距离，吊装施工范围进行警戒。 5. 用电设备应可靠接地	□合　格 □不合格	□合　格 □不合格	□合　格 □不合格
	安全技术措施	常规要求	1. 夏季配备防暑降温药品，冬季施工配备防寒用品。 2. 遇有雷雨、暴雨、浓雾、沙尘暴、4级及以上大风，不得进行高处作业。 3. 在霜冻、雨雪后进行高处作业，人员应采取防冻和防滑措施。 4. 施工中，起重机回转半径内禁止人员穿行，禁止夜间施工。 5. 钢丝绳规格应经过计算，符合现场起重要求，不得有断丝现象	□合　格 □不合格	□合　格 □不合格	□合　格 □不合格
		专项措施	1. 地锚结构尺寸，埋设深度、位置符合施工方案。 2. 临近高压线施工时保持与带电线路的安全距离，设专人监护。	□合　格 □不合格	□合　格 □不合格	□合　格 □不合格

工序	类别	检查内容	检查标准	检查结果		
				施工项目部	监理项目部	业主项目部
龙门架安装	安全技术措施	专项措施	3. 禁止超负荷起吊，吊点绳之间夹角 θ 不得大于120°。 4. 龙门架组立过程中，吊件垂直下方不得有人。 5. 龙门架组立完成后，应及时与接地装置连接。 6. 组装龙门架施工在斜撑（剪刀撑）未施工完成前，必须采用 6m 长（ϕ50mm）钢管进行临时支撑	□合　格 □不合格	□合　格 □不合格	□合　格 □不合格
		施工示意图	如图 1-1-1 所示。尺寸根据现场实际情况确定，本图的尺寸仅供参考	□合　格 □不合格	□合　格 □不合格	□合　格 □不合格

施工项目部自查日期：　　　　　　　监理项目部检查日期：　　　　　　　业主项目部检查日期：

检查人签字：　　　　　　　　　　　检查人签字：　　　　　　　　　　　检查人签字：

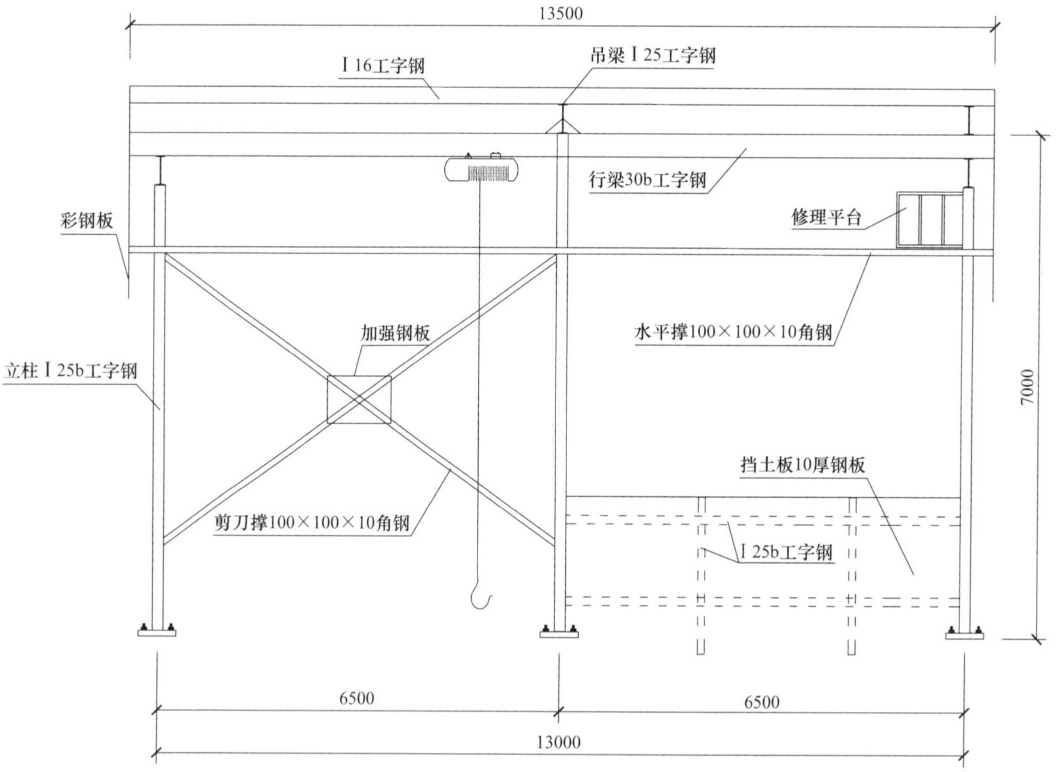

图 1-1-1　龙门架纵断面图

注　1. 单位为 mm；

　　2. 比例示意。

各参建单位及各二级巡检组监督检查情况表见表 1-1-2。

表 1-1-2　　　　　各参建单位及各二级巡检组监督检查情况表

建管单位：	监理单位：	施工单位：
（建设管理、监理、施工单位及各自二级巡检组监督检查情况，应填写检查单位、检查时间、检查人员及检查结果）		

表 1-1-3　　　　　　　　　现场主要设备配置表

设备名称	规格和数量
汽车式起重机	8～25t，1 台
钢丝卡扣绳	ϕ15mm，10 个
钢丝绳	ϕ72mm×6m，4 根
控制绳	ϕ11mm×100m，2 根
电动葫芦	5t×30m，1～2 个
地锚	现浇钢筋混凝土 1.0m×1.0m×1.0m，6～8 个
安全设施	安全带，1～2 套
电焊机	1～2 台
测量仪器	全站仪，1 台；水平仪，1 台

1.2　龙门架拆除

龙门架拆除检查表见表 1-2-1。

表 1-2-1　　　　　　　　龙门架拆除检查表

工程名称：　　　　　　　　　　　　　　井位：

工序	类别	检查内容	检查标准	检查结果		
				施工项目部	监理项目部	业主项目部
龙门架拆除	组织措施	现场资料配置	施工现场应留存下列资料： 1. 龙门架拆除专项安全施工方案或作业指导书。 2. 安全交底记录，技术交底记录。 3. 安全施工作业票。 4. 现场动火票。 5. 工作票交底视频录像或录音	□合　格 □不合格	□合　格 □不合格	□合　格 □不合格

工序	类别	检查内容	检查标准	检查结果		
				施工项目部	监理项目部	业主项目部
龙门架拆除	组织措施	现场资料要求	1. 施工方案编制和审批手续齐全，施工负责人正确描述方案主要内容，现场按照施工方案执行。 2. 三级及以上风险等级工序作业前，办理"输变电工程安全施工作业票B"，制定"输变电工程施工作业风险控制卡"，补充风险控制措施，并由项目经理签发，填写风险复测单。 3. 安全风险识别、评估准确，各项预控措施具有针对性。 4. 作业开始前，工作负责人对作业人员进行全员交底，内容与施工方案一致，并组织全员签字，工作内容与人员再次发生变化时须再次交底并填写工作票。 5. 作业过程中，工作负责人按照作业流程，逐项确认风险控制措施落实情况。 6. 作业票的工作内容、施工人员与现场一致	□合 格 □不合格	□合 格 □不合格	□合 格 □不合格
		现场安全文明施工标准化要求	1. 施工区设置安全围栏（围挡），或角旗与非施工区隔离。 2. 施工区入口处设安全警示牌：①必须戴安全帽；②高处作业必须系安全带；③当心落物。 3. 施工人员应统一佩戴胸卡，统一着装，正确佩戴安全防护用品，工作负责人穿红马甲，安全监护人穿黄马甲。 4. 工器具、材料分类码放整齐，标识清晰。 5. 传递工器具使用转向滑轮和绳索	□合 格 □不合格	□合 格 □不合格	□合 格 □不合格
	人员	现场人员配置	1. 施工负责人应为施工总承包单位人员（落实"同进同出"相关要求）。 2. 施工负责人、现场指挥人、安全监护人、气焊工、电工、高处作业人员、起重车司机、司索信号工等人员配置齐全（其中施工负责人：1人；现场指挥人：1人；安全监护人：1人；气焊工：1~2人；电工：1人；高处作业：1~2人；司索信号工：1人；起重机司机1人；其他人员：4~6人）	□合 格 □不合格	□合 格 □不合格	□合 格 □不合格
		现场人员要求	1. 重要岗位和特种作业人员持证上岗（如项目经理、专职安全员、电工、起重车司机、司索信号工、气焊工、高处作业人员等）。 2. 项目经理、项目总工、专职安全员、专职质量员应通过公司的基建安全培训和考试合格后，持证上岗。	□合 格 □不合格	□合 格 □不合格	□合 格 □不合格

工序	类别	检查内容	检查标准	检查结果		
				施工项目部	监理项目部	业主项目部
龙门架拆除	人员	现场人员要求	3. 施工负责人、工作票签发人、工作许可人应经公司安监部门考试合格并备案后方可担任。 4. 焊工必须穿戴防护面罩、绝缘手套、绝缘鞋等防暑设备。 5. 其他施工人员上岗前应进行岗位培训及安全教育并考试合格	□合 格 □不合格	□合 格 □不合格	□合 格 □不合格
	设备	现场设备配置	1. 起重机8～25t。 2. 气割机（氧气、乙炔）。 3. 安全设施（安全带、消防器材等）的数量、规格符合施工方案的要求。 配置信息见表1-2-3	□合 格 □不合格	□合 格 □不合格	□合 格 □不合格
		现场设备要求	1. 工器具、安全设施和计量仪器的定期检验合格证明齐全，且在有效期内。 2. 工器具、安全设施的进场检查记录齐全、规范。 3. 起重机工作处地面平整稳固，支腿垫木坚硬，配重铁满足吊装及起重机稳定要求，起重机位置满足吊装要求。 4. 临近高压线吊装作业要保证安全距离，吊装施工范围进行警戒。 5. 用电设备应可靠接地	□合 格 □不合格	□合 格 □不合格	□合 格 □不合格
	安全技术措施	常规要求	1. 夏季配备防暑降温药品，冬季施工配备防寒用品。 2. 遇有雷雨、暴雨、浓雾、沙尘暴、4级及以上大风，不得进行高处作业。 3. 在霜冻、雨雪后进行高处作业，人员应采取防冻和防滑措施。 4. 施工中，起重机回转半径内禁止人员穿行，禁止夜间施工。 5. 钢丝绳规格应经过计算，符合现场起重要求，不得有断丝现象。 6. 氧气瓶、乙炔瓶保持安全距离，有防倾倒措施	□合 格 □不合格	□合 格 □不合格	□合 格 □不合格
		专项措施	1. 龙门架拆除前应断开电源，注意拆除顺序。 2. 禁止超负荷起吊，吊点绳之间夹角θ不得大于120°。 3. 龙门架拆除过程中，吊件垂直下方不得有人。 4. 临近高压线施工时保持与带电线路的安全距离，设专人监护	□合 格 □不合格	□合 格 □不合格	□合 格 □不合格

续表

工序	类别	检查内容	检查标准	检查结果		
				施工项目部	监理项目部	业主项目部
龙门架拆除	安全技术措施	专项措施	5. 拆除剪刀撑前，必须在龙门架两端采用6m长（φ50mm）钢管进行对撑，大梁拆除后对单跨分别进行对撑	□合 格 □不合格	□合 格 □不合格	□合 格 □不合格
		施工示意图	如图 1-2-1 所示：尺寸根据现场实际情况确定，本图的尺寸仅供参考	□合 格 □不合格	□合 格 □不合格	□合 格 □不合格

施工项目部自查日期：　　　　　　　监理项目部检查日期：　　　　　　　业主项目部检查日期：

检查人签字：　　　　　　　　　　　检查人签字：　　　　　　　　　　　检查人签字：

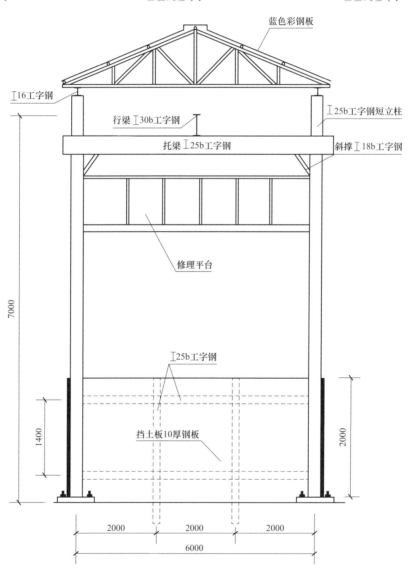

图 1-2-1　龙门架横断面图（2-2）

注　1. 单位为 mm；

　　2. 比例示意。

各参建单位及各二级巡检组监督检查情况见表 1-2-2。

表 1-2-2 　　　　　　各参建单位及各二级巡检组监督检查情况

建管单位：		监理单位：	施工单位：
（建设管理、监理、施工单位及各自二级巡检组监督检查情况，应填写检查单位、检查时间、检查人员及检查结果）			

表 1-2-3 　　　　　　　　　　现场主要设备配置表

设备名称	规格和数量
汽车式起重机	8～25t，1 台
电焊机	1～2 台
气割机	1～2 套
钢丝绳	ϕ72mm×6m，4 根
控制绳	ϕ11mm×100m，2 根

1.3　竖井开挖及支护

竖井开挖及支护检查表见表 1-3-1。

表 1-3-1 　　　　　　　　　竖井开挖及支护检查表

工程名称：　　　　　　　　　　　　　　　　　　　井位：

工序	类别	检查内容	检查标准	检查结果		
				施工项目部	监理项目部	业主项目部
竖井开挖及支护	组织措施	现场资料配置	施工现场应留存下列资料： 1. 竖井开挖及支护专项安全施工方案或作业指导书。 2. 安全交底记录，技术交底记录。 3. 安全施工作业票。 4. 工作票交底视频录像或录音。 5. 有限空间作业人员彩色复印件。 6. 现场动火票及有毒有害气体检测记录	□合　格 □不合格	□合　格 □不合格	□合　格 □不合格
		现场资料要求	1. 施工方案编制和审批手续齐全，施工负责人正确描述方案主要内容，现场按照施工方案执行。	□合　格 □不合格	□合　格 □不合格	□合　格 □不合格

续表

工序	类别	检查内容	检查标准	检查结果		
				施工项目部	监理项目部	业主项目部
竖井开挖及支护	组织措施	现场资料要求	2. 三级及以上风险等级工序作业前，办理"输变电工程安全施工作业票 B"，制定"输变电工程施工作业风险控制卡"，补充风险控制措施，并由项目经理签发，填写风险复测单。 3. 安全风险识别、评估准确，各项预控措施具有针对性。 4. 作业开始前，工作负责人对作业人员进行全员交底，内容与施工方案一致，并组织全员签字，工作内容与人员再次发生变化时须再次交底并填写工作票。 5. 作业过程中，工作负责人按照作业流程，逐项确认风险控制措施落实情况。 6. 作业票的工作内容、施工人员与现场一致	□合　格 □不合格	□合　格 □不合格	□合　格 □不合格
		现场安全文明施工标准化要求	1. 施工区设置安全围栏（围挡），与非施工区隔离。 2. 施工区入口处设安全警示牌：①必须戴安全帽；②高处作业必须系安全带；③当心落物。 3. 施工人员应统一佩戴胸卡，统一着装，正确佩戴安全防护用品，工作负责人穿红马甲，安全监护人穿黄马甲。 4. 工器具、材料分类码放整齐，标识清晰。 5. 传递工器具使用转向滑轮和绳索。 6. 场地硬化，砂、碎石覆盖，搅拌机搭设防尘棚、空压机搭设降噪棚。 7. 进出场土车清洗干净	□合　格 □不合格	□合　格 □不合格	□合　格 □不合格
	人员	现场人员配置	1. 施工负责人应为施工总承包单位人员（落实"同进同出"相关要求）。 2. 施工负责人、安全监护人、电焊工、电工、测量员、质检员等人员配置齐全（其中施工负责人：1 人；安全监护人：1 人；电焊工：1～2 人；电工：1 人；有限空间作业人员：2 人；测量员：1 人；质检员：1 人；其他人员：4～6 人）	□合　格 □不合格	□合　格 □不合格	□合　格 □不合格
		现场人员要求	1. 重要岗位和特种作业人员持证上岗（如项目经理、专职安全员、电工、电焊工、测量员）。 2. 项目经理、项目总工、专职安全员、专职质量员应通过公司的基建安全培训和考试合格后，持证上岗。	□合　格 □不合格	□合　格 □不合格	□合　格 □不合格

工序	类别	检查内容	检查标准	检查结果		
				施工项目部	监理项目部	业主项目部
竖井开挖及支护	人员	现场人员要求	3. 施工负责人、工作票签发人、工作许可人应经公司安监部门考试合格并备案后方可担任。 4. 其他施工人员上岗前应进行岗位培训及安全教育并考试合格。 5. 焊工必须穿戴防护面罩、绝缘手套、绝缘鞋等防护设备。 6. 有限空间作业人员必须经相关部门考试合格并备案后方可担任	□合　格 □不合格	□合　格 □不合格	□合　格 □不合格
	设备	现场设备配置	工器具（搅拌机、锚喷机、空压机、电焊机、电动葫芦等）、安全设施（安全网、安全带、消防器材、有毒有害气体检测仪等）和计量仪器（磅秤等）、测量仪器（全站仪、水平仪等）的数量、规格符合施工方案的要求，配置信息见表 1-3-3	□合　格 □不合格	□合　格 □不合格	□合　格 □不合格
		现场设备要求	1. 工器具、安全设施和计量仪器的定期检验合格证明齐全，且在有效期内。 2. 工器具、安全设施的进场检查记录齐全、规范，涉及设备租赁，须在作业前签订租赁合同及安全协议。 3. 现场设备有序布置、分类码放、标识清晰，具备机械设备合格证及有效检测报告；龙门架整体验收合格。 4. 搅拌机设防尘棚、空压机设降噪棚，设备规格型号需满足施工方案要求。 5. 现场设备可靠接地	□合　格 □不合格	□合　格 □不合格	□合　格 □不合格
	安全技术措施	常规要求	1. 竖井周边设置挡水墙。 2. 规范设置供作业人员上下基坑的安全通道（梯子），基坑边缘按规范要求设置安全护栏。 3. 现场应有防雨、防暑、防滑、防冻等季节性安全措施，以保证人员安全。 4. 禁止超挖、欠挖。 5. 在竖井进口周围设置栏杆，栏杆横杆 $\phi48mm \times 3.5$ 钢管，立杆采用 $\phi15mm$ 钢管，间距 15cm，竖井栏杆高 1.2m。 6. 施工过程中如遇异常情况，应停止作业并启动相应应急预案	□合　格 □不合格	□合　格 □不合格	□合　格 □不合格
		专项措施	1. 定期观测基坑周边土质是否存在沉降、裂缝及渗水等异常情况并留有记录。	□合　格 □不合格	□合　格 □不合格	□合　格 □不合格

续表

工序	类别	检查内容	检查标准	检查结果		
				施工项目部	监理项目部	业主项目部
竖井开挖及支护	安全技术措施	专项措施	2. 圈梁施工时必须进行环向锁口施工，竖井土方开挖严格执行设计间距要求，及时进行支护和喷护施工。 3. 竖井马头门位置设加强钢格栅环框暗梁，暗梁钢筋与竖井钢格栅焊接牢固形成整体。同时在洞门上部预打 φ32mm 超前小导管，小导管长 2.25m，范围为拱脚以上 1.5m 的拱部位置	□合　格 □不合格	□合　格 □不合格	□合　格 □不合格
		施工示意图	如图 1-3-1 所示	□合　格 □不合格	□合　格 □不合格	□合　格 □不合格

施工项目部自查日期：　　　　　监理项目部检查日期：　　　　　业主项目部检查日期：

检查人签字：　　　　　　　　　检查人签字：　　　　　　　　　检查人签字：

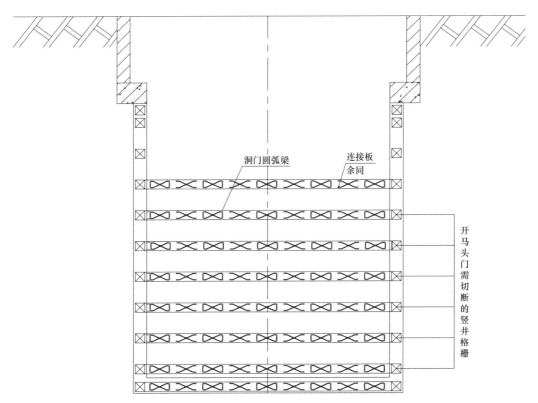

1—1

图 1-3-1　施工示意图

各参建单位及各二级巡检组监督检查情况见表 1-3-2。

表 1-3-2　　　　　　　各参建单位及各二级巡检组监督检查情况

建管单位：	监理单位：	施工单位：
（建设管理、监理、施工单位及各自二级巡检组监督检查情况，应填写检查单位、检查时间、检查人员及检查结果） 		

表 1-3-3　　　　　　　　　　现场主要设备配置表

设备名称	规格和数量
空压机	W-9/7，1 台
搅拌机	JG250，1 台
电焊机	BX-300，1～2 台
锚喷机	ZV-IV，1 台
电动葫芦	5t，1～2 台
测量仪器	全站仪，1 台；水平仪，1 台
计量仪器	台秤，1 台

1.4　马头门开挖及支护

马头门开挖及支护检查表见表 1-4-1。

表 1-4-1　　　　　　　　马头门开挖及支护检查表

工程名称：　　　　　　　　　　　　　　　　　　井位：

工序	类别	检查内容	检查标准	检查结果		
				施工项目部	监理项目部	业主项目部
马头门开挖及支护	组织措施	现场资料配置	施工现场应留存下列资料： 1. 马头门开挖及支护专项安全施工方案或作业指导书。 2. 安全交底记录，技术交底记录。 3. 安全施工作业票。 4. 工作票交底视频录像或录音。 5. 有限空间作业人员彩色复印件。 6. 现场动火票及有毒有害气体检测记录	□合格 □不合格	□合格 □不合格	□合格 □不合格
		现场资料要求	1. 施工方案编制和审批手续齐全，施工负责人正确描述方案主要内容，现场按照施工方案执行。	□合格 □不合格	□合格 □不合格	□合格 □不合格

工序	类别	检查内容	检查标准	检查结果		
				施工项目部	监理项目部	业主项目部
马头门开挖及支护	组织措施	现场资料要求	2. 三级及以上风险等级工序作业前，办理"输变电工程安全施工作业票B"，制定"输变电工程施工作业风险控制卡"，补充风险控制措施，并由项目经理签发，填写风险复测单。 3. 安全风险识别、评估准确，各项预控措施具有针对性。 4. 作业开始前，工作负责人对作业人员进行全员交底，内容与施工方案一致，并组织全员签字，工作内容与人员再次发生变化时须再次交底并填写工作票。 5. 作业过程中，工作负责人按照作业流程，逐项确认风险控制措施落实情况。 6. 作业票的工作内容、施工人员与现场一致	□合格 □不合格	□合格 □不合格	□合格 □不合格
		现场安全文明施工标准化要求	1. 施工区设置安全围栏（围挡），与非施工区隔离。 2. 施工区入口处设安全警示牌：①必须戴安全帽；②高处作业必须系安全带；③当心落物。 3. 施工人员应统一佩戴胸卡，统一着装，正确佩戴安全防护用品，工作负责人穿红马甲，安全监护人穿黄马甲。 4. 工器具、材料分类码放整齐，标识清晰。 5. 传递工器具使用转向滑轮和绳索。 6. 场地硬化，砂、碎石覆盖，搅拌机搭设防尘棚、空压机搭设降噪棚	□合格 □不合格	□合格 □不合格	□合格 □不合格
	人员	现场人员配置	1. 施工负责人应为施工总承包单位人员（落实"同进同出"相关要求）。 2. 施工负责人、安全监护人、电焊工、电工、测量员、质检员等人员配置齐全（其中施工负责人：1人；安全监护人：1人；电焊工：1~2人；电工：1人；有限空间作业人员：2人；测量员：1人；质检员：1人；其他人员：4~9人）	□合格 □不合格	□合格 □不合格	□合格 □不合格
		现场人员要求	1. 重要岗位和特种作业人员持证上岗（如项目经理、专职安全员、电工、电焊工、测量员）。 2. 项目经理、项目总工、专职安全员、专职质量员应通过公司的基建安全培训和考试合格后方可上岗。 3. 施工负责人、工作票签发人、工作许可人应经公司安监部门考试合格并备案后方可担任。	□合格 □不合格	□合格 □不合格	□合格 □不合格

工序	类别	检查内容	检查标准	检查结果		
				施工项目部	监理项目部	业主项目部
马头门开挖及支护	人员	现场人员要求	4. 其他施工人员上岗前应进行岗位培训及安全教育并考试合格。 5. 焊工必须穿戴防护面罩、绝缘手套、绝缘鞋等。 6. 有限空间作业人员必须经相关部门考试合格并备案后方可担任	□合　格 □不合格	□合　格 □不合格	□合　格 □不合格
	设备	现场设备配置	工器具（搅拌机、锚喷机、空压机、电焊机、电动葫芦、通风机等）、安全设施（安全带、消防器材、有毒有害气体检测仪等）和计量仪器（磅秤等）、测量仪器（全站仪、水平仪等）的数量、规格符合施工方案的要求，配置信息见表 1-4-3	□合　格 □不合格	□合　格 □不合格	□合　格 □不合格
		现场设备要求	1. 工器具、安全设施和计量仪器的定期检验合格证明齐全，且在有效期内。 2. 工器具、安全设施的进场检查记录齐全、规范，涉及设备租赁，须在作业前签订租赁合同及安全协议。 3. 现场设备有序布置、分类码放、标识清晰，具备机械设备合格证及有效检测报告；龙门架整体验收合格。 4. 搅拌机设防尘棚、空压机设降噪棚，设备规格型号需满足施工方案要求	□合　格 □不合格	□合　格 □不合格	□合　格 □不合格
	安全技术措施	常规要求	1. 竖井周边设置挡水墙。 2. 规范设置供作业人员上下基坑的安全通道（梯子），基坑边缘按规范要求设置安全护栏。 3. 现场应有防雨、防暑、防滑、防冻等季节性安全措施，以保证人员安全。 4. 禁止超挖、欠挖，破除作业工人应配带除尘用具。 5. 采用超前小导管注浆方案，对马头门上方土体进行加固，待土体达到设计强度后，再进行马头门施工。 6. 施工过程中如遇异常情况，应停止作业并启动相应应急预案	□合　格 □不合格	□合　格 □不合格	□合　格 □不合格
		专项措施	1. 马头门施工过程中定期对地表、结构拱顶下沉进行监控量测，留存记录。 2. 隧道土方开挖严格执行设计榀距要求，及时进行支护和喷护施工，土质不稳的地层施工时杜绝整环同时进行施工。 3. 隧道上导洞进尺 2.5m 后开始进行下导洞施工，马头门应及时封闭成环，增强洞口安全性和稳定性。同一竖井两侧（或三通）禁止同时进行马头门施工。	□合　格 □不合格	□合　格 □不合格	□合　格 □不合格

续表

工序	类别	检查内容	检查标准	检查结果		
				施工项目部	监理项目部	业主项目部
马头门开挖及支护	安全技术措施	专项措施	4. 脚手架搭设牢固，符合施工规范	□合　格 □不合格	□合　格 □不合格	□合　格 □不合格
		施工示意图	如图 1-4-1 所示	□合　格 □不合格	□合　格 □不合格	□合　格 □不合格

施工项目部自查日期：　　　　　　　监理项目部检查日期：　　　　　　　业主项目部检查日期：

检查人签字：　　　　　　　　　　　检查人签字：　　　　　　　　　　　检查人签字：

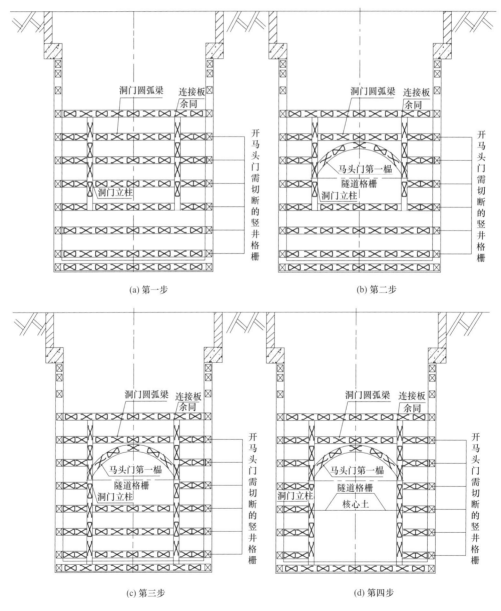

图 1-4-1　施工示意图

各参建单位及各二级巡检组监督检查情况见表 1-4-2。

表 1-4-2　　　　　　　各参建单位及各二级巡检组监督检查情况

建管单位：	监理单位：	施工单位：
（建设管理、监理、施工单位及各自二级巡检组监督检查情况，应填写检查单位、检查时间、检查人员及检查结果）		

表 1-4-3　　　　　　　　　　现场主要设备配置表

设备名称	规格和数量
空压机	W-9/7，1 台
搅拌机	JG250，1 台
电焊机	BX-300，1～2 台
锚喷机	ZV-IV，1 台
电动葫芦	5t，1～2 台
通风机	JBT62-2，1～2 台
发电机	120kW，1 台
测量仪器	全站仪，1 台；水平仪，1 台

1.5　隧道开挖及支护

隧道开挖及支护检查表见表 1-5-1。

表 1-5-1　　　　　　　　　隧道开挖及支护检查表

工程名称：　　　　　　　　　　　　　　　　井位：

工序	类别	检查内容	检查标准	检查结果		
				施工项目部	监理项目部	业主项目部
隧道开挖及支护	组织措施	现场资料配置	施工现场应留存下列资料： 1. 隧道开挖及支护专项安全施工方案或作业指导书。 2. 安全交底记录，技术交底记录。 3. 安全施工作业票。 4. 工作票交底视频录像或录音。 5. 有限空间作业人员彩色复印件。 6. 动火票及有毒有害气体检测记录	□合　格 □不合格	□合　格 □不合格	□合　格 □不合格

续表

工序	类别	检查内容	检查标准	检查结果		
				施工项目部	监理项目部	业主项目部
隧道开挖及支护	组织措施	现场资料要求	1. 施工方案编制和审批手续齐全，施工负责人正确描述方案主要内容，现场按照施工方案执行。 2. 三级及以上风险等级工序作业前，办理"输变电工程安全施工作业票B"，制定"输变电工程施工作业风险控制卡"，补充风险控制措施，并由项目经理签发，填写风险复测单。 3. 安全风险识别、评估准确，各项预控措施具有针对性。 4. 作业开始前，工作负责人对作业人员进行全员交底，内容与施工方案一致，并组织全员签字，工作内容与人员再次发生变化时须再次交底并填写工作票。 5. 作业过程中，工作负责人按照作业流程，逐项确认风险控制措施落实情况。 6. 作业票的工作内容、施工人员与现场一致	□合 格 □不合格	□合 格 □不合格	□合 格 □不合格
		现场安全文明施工标准化要求	1. 施工区设置安全围栏（围挡），与非施工区隔离。 2. 施工区入口处设安全警示牌：①必须戴安全帽；②高处作业必须系安全带；③当心落物。 3. 施工人员应统一佩戴胸卡，统一着装，正确佩戴安全防护用品，工作负责人穿红马甲，安全监护人穿黄马甲。 4. 工器具、材料分类码放整齐，标识清晰。 5. 传递工器具使用转向滑轮和绳索。 6. 场地硬化，砂、碎石覆盖，搅拌机搭设防尘棚、空压机搭设降噪棚。 7. 隧道通风及照明施工规范。 8. 进出场渣土车辆清洗干净	□合 格 □不合格	□合 格 □不合格	□合 格 □不合格
	人员	现场人员配置	1. 施工负责人应为施工总承包单位人员（落实"同进同出"相关要求）。 2. 施工负责人、安全监护人、电焊工、电工、测量员、质检员等人员配置齐全（其中施工负责人：1人；安全监护人：1人；电焊工：1~2人；电工：1人；有限空间作业人员：2人；测量：1人；质检员：1人；其他人员：4~9人）	□合 格 □不合格	□合 格 □不合格	□合 格 □不合格
		现场人员要求	1. 重要岗位和特种作业人员持证上岗（如项目经理、专职安全员、电工、电焊工、测量员）。	□合 格 □不合格	□合 格 □不合格	□合 格 □不合格

工序	类别	检查内容	检查标准	检查结果		
				施工 项目部	监理 项目部	业主 项目部
隧道开挖及支护	人员	现场人员要求	2. 项目经理、项目总工、专职安全员、专职质量员应通过公司的基建安全培训和考试合格后持证上岗。 3. 施工负责人、工作票签发人、工作许可人应经公司安监部门考试合格并备案后方可担任。 4. 其他施工人员上岗前应进行岗位培训及安全教育。 5. 焊工必须穿戴防护面罩、绝缘手套、绝缘鞋等防护设备。 6. 有限空间作业人员必须经相关部门考试合格并备案后方可担任	□合 格 □不合格	□合 格 □不合格	□合 格 □不合格
	设备	现场设备配置	工器具（搅拌机、锚喷机、空压机、电焊机、电动葫芦、通风机等）、安全设施（安全网、安全带、消防器材、有毒有害气体检测仪等）和计量仪器（磅秤等）、测量仪器（全站仪、水准仪等）的数量、规格符合施工方案的要求，配置信息见表1-5-3	□合 格 □不合格	□合 格 □不合格	□合 格 □不合格
		现场设备要求	1. 工器具、安全设施和计量仪器的定期检验合格证明齐全，且在有效期内。 2. 工器具、安全设施的进场检查记录齐全、规范，涉及设备租赁，须在作业前签订租赁合同及安全协议。 3. 现场设备有序布置、分类码放、标识清晰，具备机械设备合格证及有效检测报告；龙门架整体验收合格。 4. 搅拌机设防尘棚、空压机设降噪棚，设备规格型号需满足施工方案要求。 5. 用电设备应可靠接地	□合 格 □不合格	□合 格 □不合格	□合 格 □不合格
	安全技术措施	常规要求	1. 隧道禁止超挖、欠挖。 2. 隧道开挖轮廓应以设计图纸为准，外保护层不得小于设计图纸要求。 3. 隧道直线长度20m以上应安装激光指向仪。 4. 隧道施工，先开挖上台阶土方，在开挖成形后及时支立上部格栅钢架，焊接完成验收后及时喷射混凝土，形成初期支护结构。然后再挖下台阶及底板土方，尽快形成闭合环。上台阶长度及上台阶核心土符合施工专项方案要求。	□合 格 □不合格	□合 格 □不合格	□合 格 □不合格

续表

工序	类别	检查内容	检查标准	检查结果		
				施工项目部	监理项目部	业主项目部
隧道开挖及支护	安全技术措施	常规要求	5. 施工过程中如遇异常情况，应停止作业并启动相应应急预案	□合　格 □不合格	□合　格 □不合格	□合　格 □不合格
		专项措施	1. 隧道施工过程中定期对地表、结构拱顶下沉及隧道收敛监控量测，留存记录。 2. 严禁超挖、欠挖，严格控制开挖步距。 3. 隧道连接筋数量、焊接长度及质量必须符合设计要求，连接板位置螺栓及绑焊钢筋符合设计要求	□合　格 □不合格	□合　格 □不合格	□合　格 □不合格
		施工示意图	如图 1-5-1 和图 1-5-2 所示	□合　格 □不合格	□合　格 □不合格	□合　格 □不合格

施工项目部自查日期：　　　　　　　监理项目部检查日期：　　　　　　　业主项目部检查日期：

检查人签字：　　　　　　　　　　　检查人签字：　　　　　　　　　　　检查人签字：

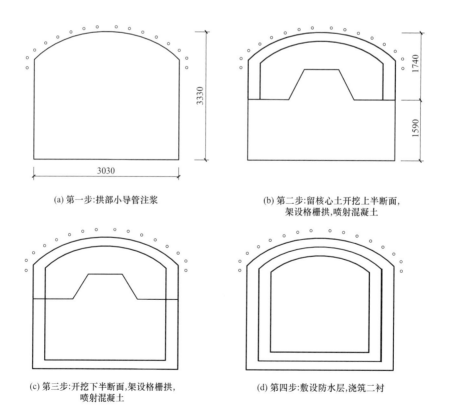

(a) 第一步:拱部小导管注浆

(b) 第二步:留核心土开挖上半断面,架设格栅拱,喷射混凝土

(c) 第三步:开挖下半断面,架设格栅拱,喷射混凝土

(d) 第四步:敷设防水层,浇筑二衬

图 1-5-1　隧道断面施工步序图

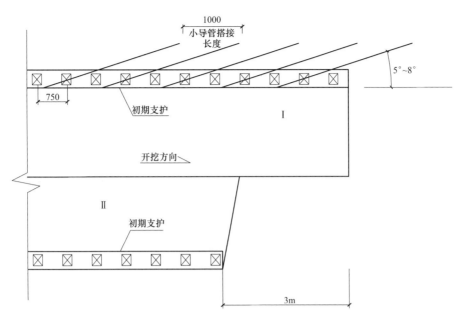

图 1-5-2　隧道纵向开挖示意图

参建单位及各二级巡检组监督检查情况见表 1-5-2。

表 1-5-2　　　　　　　参建单位及各二级巡检组监督检查情况

建管单位：	监理单位：	施工单位：
（建设管理、监理、施工单位及各自二级巡检组监督检查情况，应填写检查单位、检查时间、检查人员及检查结果）		

表 1-5-3　　　　　　　　　现场主要设备配置表

设备名称	规格和数量
空压机	W-9/7，1 台
搅拌机	JG250，1 台
电焊机	BX-300，1～2 台
锚喷机	ZV-IV，1 台
电动葫芦	5t，1～2 台
通风机	JBT62-2，1～2 台
气体检测仪	2 台
测量仪器	全站仪，1 台；水平仪，1 台

1.6 竖井、隧道防水施工

竖井、隧道防水施工检查表见表1-6-1。

表1-6-1 竖井、隧道防水施工检查表

工程名称： 井位：

工序	类别	检查内容	检查标准	检查结果		
				施工项目部	监理项目部	业主项目部
竖井、隧道防水施工	组织措施	现场资料配置	施工现场应留存下列资料： 1. 竖井、隧道防水层施工专项安全施工方案或作业指导书。 2. 安全交底记录，技术交底记录。 3. 安全施工作业票。 4. 工作票交底视频录像。 5. 有限空间作业人员彩色复印件。 6. 动火票及有毒有害气体检测记录	□合 格 □不合格	□合 格 □不合格	□合 格 □不合格
		现场资料要求	1. 施工方案编制和审批手续齐全，施工负责人正确描述方案主要内容，现场按照施工方案执行。 2. 三级及以上风险等级工序作业前，办理"输变电工程安全施工作业票B"，制定"输变电工程施工作业风险控制卡"，补充风险控制措施，并由项目经理签发，填写风险复测单。 3. 安全风险识别、评估准确，各项预控措施具有针对性。 4. 作业开始前，工作负责人对作业人员进行全员交底，内容与施工方案一致，并组织全员签字，工作内容与人员再次发生变化时须再次交底并填写工作票。 5. 作业过程中，工作负责人按照作业流程，逐项确认风险控制措施落实情况。 6. 作业票的工作内容、施工人员与现场一致	□合 格 □不合格	□合 格 □不合格	□合 格 □不合格
		现场安全文明施工标准化要求	1. 施工区设置安全围栏（围挡），与非施工区隔离。 2. 施工区入口处设安全警示牌：①必须戴安全帽；②高处作业必须系安全带；③当心落物。 3. 施工人员应统一佩戴胸卡，统一着装，正确佩戴安全防护用品，工作负责人穿红马甲，安全监护人穿黄马甲。 4. 工器具、材料分类码放整齐，标识清晰。 5. 传递工器具使用转向滑轮和绳索。 6. 场地硬化，砂、碎石覆盖	□合 格 □不合格	□合 格 □不合格	□合 格 □不合格
	人员	现场人员配置	1. 施工负责人应为施工总承包单位人员（落实"同进同出"相关要求）。 2. 施工负责人、安全监护人、电焊工、电工、测量员、质检员等人员配置齐全（其中施工负责人：1人；安全监护人：1人；电焊工：1~2人；电工：1人；测量员：1人；质检员：1人；其他人员：10人）	□合 格 □不合格	□合 格 □不合格	□合 格 □不合格

续表

工序	类别	检查内容	检查标准	检查结果		
				施工项目部	监理项目部	业主项目部
竖井、隧道防水施工	人员	现场人员要求	1. 重要岗位和特种作业人员持证上岗（如项目经理、专职安全员、电工、电焊工、测量员）。 2. 项目经理、项目总工、专职安全员、专职质量员应通过公司的基建安全培训和考试合格后持证上岗。 3. 施工负责人、工作票签发人、工作许可人应经公司安监部门考试合格并备案后方可担任。 4. 其他施工人员上岗前应进行岗位培训及安全教育。 5. 焊工必须穿戴防护面罩、绝缘手套、绝缘鞋等防护装备。 6. 有限空间作业人员必须经相关部门考试合格并备案后方可担任	□合　格 □不合格	□合　格 □不合格	□合　格 □不合格
	设备	现场设备配置	工器具（电动葫芦等、通风机）、安全设施（安全带、消防器材、有毒有害气体检测仪等）和计量仪器（泵称、钢尺等）、测量仪器（全站仪、水平仪等）的数量、规格符合施工方案的要求，配置信息见表1-6-3	□合　格 □不合格	□合　格 □不合格	□合　格 □不合格
		现场设备要求	1. 工器具、安全设施和计量仪器的定期检验合格证明齐全，且在有效期内。 2. 工器具、安全设施的进场检查记录齐全、规范，涉及设备租赁，须在作业前签订租赁合同及安全协议。 3. 现场设备有序布置、分类码放、标识清晰，具备机械设备合格证及有效检测报告；龙门架整体验收合格。 4. 用电设备应可靠接地	□合　格 □不合格	□合　格 □不合格	□合　格 □不合格
	安全技术措施	常规要求	1. 验收基层（找平层）→清扫基层→（找平层）→制备粘接胶→处理复杂部位→铺贴复合卷材→检验复合卷材施工质量→保护层施工→验收。 2. 防水层的原材料，应分别储存，严禁将易燃、易爆和相互接触后能引起燃烧、爆炸的材料混合在一起	□合　格 □不合格	□合　格 □不合格	□合　格 □不合格
		专项措施	1. 竖井及隧道防水层施工时脚手架搭设牢固、规范。 2. 灭火器有效期及压力符合规定	□合　格 □不合格	□合　格 □不合格	□合　格 □不合格
		施工示意图	如图1-6-1所示	□合　格 □不合格	□合　格 □不合格	□合　格 □不合格

施工项目部自查日期：　　　　监理项目部检查日期：　　　　业主项目部检查日期：

检查人签字：　　　　检查人签字：　　　　检查人签字：

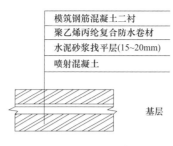

图 1-6-1　施工示意图

各参建单位及各二级巡检组监督检查情况见表 1-6-2。

表 1-6-2　　　　　　　　各参建单位及各二级巡检组监督检查情况

建管单位：	监理单位：	施工单位：
（建设管理、监理、施工单位及各自二级巡检组监督检查情况，应填写检查单位、检查时间、检查人员及检查结果）		

表 1-6-3　　　　　　　　　　现场主要设备配置表

设备名称	规格和数量
小器皿	3 个
刮板	300mm，2 个
搅拌器具	1 个
制胶容器	≥100L，2 个
剪子	2 把
刀	2 把
清扫工具	2 把
称重工具	1 台
腻刀	40mm，2 把
毛刷	300mm，1 把
测量仪器	全站仪，1 台；水平仪，1 台
通风机	JBT62-2，1～2 台

1.7 竖井、隧道结构施工

竖井、隧道结构施工检查表见表1-7-1。

表1-7-1   竖井、隧道结构施工检查表

工程名称: 井位:

工序	类别	检查内容	检查标准	检查结果		
				施工项目部	监理项目部	业主项目部
竖井、隧道结构施工	组织措施	现场资料配置	施工现场应留存下列资料: 1. 竖井、隧道结构专项安全施工方案或作业指导书。 2. 安全交底记录,技术交底记录。 3. 安全施工作业票。 4. 工作票交底视频录像或录音。 5. 有限空间作业人员彩色复印件。 6. 动火票及有毒有害气体检测记录	□合　格 □不合格	□合　格 □不合格	□合　格 □不合格
		现场资料要求	1. 施工方案编制和审批手续齐全,施工负责人正确描述方案主要内容,现场按照施工方案执行。 2. 三级及以上风险等级工序作业前,办理"输变电工程安全施工作业票B",制定"输变电工程施工作业风险控制卡",补充风险控制措施,并由项目经理签发,填写风险复测单。 3. 安全风险识别、评估准确,各项预控措施具有针对性。 4. 作业开始前,工作负责人对作业人员进行全员交底,内容与施工方案一致,并组织全员签字,工作内容与人员再次发生变化时须再次交底并填写工作票。 5. 作业过程中,工作负责人按照作业流程,逐项确认风险控制措施落实情况。 6. 作业票的工作内容、施工人员与现场一致	□合　格 □不合格	□合　格 □不合格	□合　格 □不合格
		现场安全文明施工标准化要求	1. 施工现场规范设置安全围栏和安全警示标识。 2. 施工人员着装统一,正确佩戴安全防护用品,工作负责人穿红马甲,安全监护人穿黄马甲。 3. 工器具、材料按规范分类码放整齐,标识清晰。 4. 钢筋存放应设垫板,雨、雪季节施工应覆盖防锈,存放区设置一定数量的灭火器材。 5. 规范设置钢筋加工棚,施工机械外观完好、接地可靠。 6. 现场设置钢筋废料池,及时清运。 7. 支模地点设置一定数量的灭火器材。 8. 规范设置木工加工棚,施工机械外观完好。 9. 施工现场应做到工完、料尽、场地清。 10. 进出场渣土车辆清洗干净	□合　格 □不合格	□合　格 □不合格	□合　格 □不合格

续表

工序	类别	检查内容	检查标准	检查结果		
				施工项目部	监理项目部	业主项目部
竖井、隧道结构施工	人员	现场人员配置	1. 施工负责人应为施工总承包单位人员（落实"同进同出"相关要求）。 2. 施工负责人、安全监护人、电焊工、电工、测量员、质检员等人员配置齐全（其中施工负责人：1人；安全监护人：1人；电焊工：1~2人；电工：1人；测量员：1人；质检员：1人；木工5人；架子工5人；钢筋工10人；其他人员：10人）	□合　格 □不合格	□合　格 □不合格	□合　格 □不合格
		现场人员要求	1. 重要岗位和特种作业人员持证上岗（如项目经理、专职安全员、电工、电焊工、测量员）。 2. 项目经理、项目总工、专职安全员、专职质量员应通过公司的基建安全培训和考试合格后持证上岗。 3. 施工负责人、工作票签发人、工作许可人应经公司安监部门考试合格并备案后方可担任。 4. 焊工必须穿戴防护面罩、绝缘手套、绝缘鞋等防护装备。 5. 其他施工人员上岗前应进行岗位培训及安全教育。 6. 有限空间作业人员必须经相关部门考试合格并备案后方可担任	□合　格 □不合格	□合　格 □不合格	□合　格 □不合格
	设备	现场设备配置	电焊机：1~2台；起重机：1台；经纬仪：1台；水平仪：1台；钢筋调直机：1台；钢筋切断机：1台；钢筋弯曲机：1台；砂轮切割机：1台；圆盘锯：2台；平刨机：2台；全站仪：1台；水平仪：1台；有毒有害气体检测仪：2台；通风机，配置信息见表1-7-3	□合　格 □不合格	□合　格 □不合格	□合　格 □不合格
		现场设备要求	1. 钢筋调直机、钢筋切断机、钢筋套丝机、钢筋弯曲机、砂轮切割机、电焊机、起重机、经纬仪、水平仪等检验合格证明。 2. 设备租赁合同及安全协议。 3. 机械定期检查、维修保养记录。 4. 调直机安装必须平稳，料架料槽应平直，对准导向筒、调直筒和下刀切孔的中心线。 5. 切断机操作前必须检查切断机刀口，确定安装正确，刀片无裂纹，刀架螺栓紧固，防护罩牢靠。	□合　格 □不合格	□合　格 □不合格	□合　格 □不合格

工序	类别	检查内容	检查标准	检查结果		
				施工项目部	监理项目部	业主项目部
竖井、隧道结构施工	设备	现场设备要求	6. 弯曲机工作盘台应保持水平，操作前应检查芯轴、成型轴、挡铁轴、可变挡架有无裂纹或损坏，防护罩是否牢固可靠。 7. 木工机械必须使用单向开关，严禁使用倒顺开关。 8. 圆盘锯、平刨机上必须设置可靠的安全防护装置。 9. 用电设备应可靠接地	□合　格 □不合格	□合　格 □不合格	□合　格 □不合格
	安全技术措施	常规要求	1. 各种机械设备（采用"一机一闸、一箱一漏"保护措施），外壳可靠接地。 2. 维修或停机，必须切断电源，锁好箱门。 3. 钢筋安装时应设置行人通道，不得随意踩踏钢筋。 4. 需进行焊接作业时，必须开具动火票，专人监护，配备消防器材。焊机应配备焊机保护专用箱、双线到位并设可靠接地。 5. 夜间施工时设置充足、安全可靠的照明。 6. 现场应有防雨、防暑、防滑、防冻等季节性安全措施，以保证人员安全。 7. 结构尺寸及内、外保护层不得小于设计图纸要求。 8. 隧道封堵施工使用电气焊时，必须有专人监护，灭火器及装有水的水桶到位。 9. 侧墙拱顶钢筋绑扎及模板安装，脚手架应搭设牢固。 10. 上下传递钢筋及模板时，竖井内垂直运输应使用吊装带，防脱装置应齐全有效。 11. 做好临边、洞口防护设施。 12. 高处作业人员正确佩戴防护用品，安全带"高挂低用"。 13. 主体施工时，竖井及隧道顶板模板支设时应搭设临时脚手架或平台，2m及以上高处作业人员，必须正确佩挂安全带。 14. 模板拆除应按顺序分段进行。严禁猛撬、硬砸及大面积撬落或拉倒。高处拆模应划定警戒范围，设置安全警戒标志并设专人监护。 15. 严格按施工方案合理设置立杆间距、步距、剪刀撑、扫地杆、拉结点等。支撑处地基必须坚实、牢固。 16. 三级及以上风险作业，各级管理人员要到岗到位进行把关	□合　格 □不合格	□合　格 □不合格	□合　格 □不合格

续表

工序	类别	检查内容	检查标准	检查结果		
				施工项目部	监理项目部	业主项目部
竖井、隧道结构施工	安全技术措施	专项措施	1. 展开盘圆钢筋时，要两端卡牢，防止回弹伤人。 2. 拉直调直钢筋时，卡头要卡牢，地锚要结实牢固，拉筋沿线 2m 区域内禁止行人。卷扬机棚前应设置挡板防止钢筋拉断伤人。 3. 切断长度小于 300mm 的钢筋必须用钳子夹牢，且钳柄不得短于 500mm，严禁直接用手把持。 4. 钢筋绑扎、焊接作业时应搭设临时脚手架，2m 及以上高处作业时，必须正确佩戴安全带，严禁依附立筋绑扎或攀登上下。 5. 模板顶撑应垂直，底端应平整并加垫木，木楔应钉牢，支撑必须用横杆和剪刀撑固定，支撑处地基必须坚实，严防支撑下沉、倾倒。 6. 支设竖井模板时，应搭设脚手架，搭设的临时脚手架应满足脚手架搭设的各项要求	□合　格 □不合格	□合　格 □不合格	□合　格 □不合格
		施工示意图	如图 1-7-1 所示	□合　格 □不合格	□合　格 □不合格	□合　格 □不合格

施工项目部自查日期：　　　　　　监理项目部检查日期：　　　　　　业主项目部检查日期：
检查人签字：　　　　　　　　　　检查人签字：　　　　　　　　　　检查人签字：

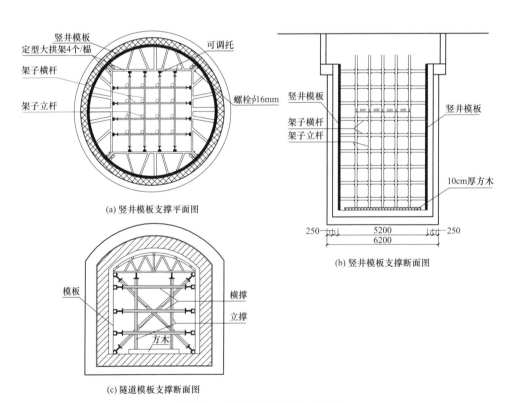

图 1-7-1　竖井及隧道模板示意图

各参建单位及各二级巡检组监督检查情况见表1-7-2。

表1-7-2 各参建单位及各二级巡检组监督检查情况

建管单位：	监理单位：	施工单位：
（建设管理、监理、施工单位及各自二级巡检组监督检查情况，应填写检查单位、检查时间、检查人员及检查结果）		

表1-7-3 现场主要设备配置表

设备名称	规格和数量
电焊机	1～2台
钢筋调直机	1台
钢筋切断机	1台
钢筋弯曲机	1台
砂轮切割机	1台
安全设施	安全带，1～2套
计量仪器	全站仪，1台；水平仪，1台
通风机	JBT62-2，1～2台
振捣棒	3台

1.8 附属工程施工

附属工程施工检查表见表1-8-1。

表1-8-1 附属工程施工检查表

工程名称： 井位：

工序	类别	检查内容	检查标准	检查结果		
				施工项目部	监理项目部	业主项目部
附属工程施工	组织措施	现场资料配置	施工现场应留存下列资料： 1. 附属工程施工专项安全施工方案或作业指导书。 2. 安全交底记录，技术交底记录。 3. 安全施工作业票。 4. 工作票交底视频录像或录音。 5. 有限空间作业人员彩色复印件。 6. 动火票及有毒有害气体检测记录	□合 格 □不合格	□合 格 □不合格	□合 格 □不合格

工序	类别	检查内容	检查标准	检查结果		
				施工项目部	监理项目部	业主项目部
附属工程施工	组织措施	现场资料要求	1. 施工方案编制和审批手续齐全，施工负责人正确描述方案主要内容，现场按照施工方案执行。 2. 三级及以上风险等级工序作业前，办理"输变电工程安全施工作业票B"，制定"输变电工程施工作业风险控制卡"，补充风险控制措施，并由项目经理签发，填写风险复测单。 3. 安全风险识别、评估准确，各项预控措施具有针对性。 4. 作业开始前，工作负责人对作业人员进行全员交底，内容与施工方案一致，并组织全员签字，工作内容与人员再次发生变化时须再次交底并填写工作票。 5. 作业过程中，工作负责人按照作业流程，逐项确认风险控制措施落实情况。 6. 作业票的工作内容、施工人员与现场一致	□合格 □不合格	□合格 □不合格	□合格 □不合格
		现场安全文明施工标准化要求	1. 施工区设置安全围栏（围挡），与非施工区隔离。 2. 施工区入口处设安全警示牌：①必须戴安全帽；②高处作业必须系安全带；③当心落物。 3. 施工人员应统一佩戴胸卡，统一着装，正确佩戴安全防护用品，工作负责人穿红马甲，安全监护人穿黄马甲。 4. 工器具、材料分类码放整齐，标识清晰。 5. 传递工器具使用转向滑轮和绳索。 6. 场地硬化，土方覆盖	□合格 □不合格	□合格 □不合格	□合格 □不合格
	人员	现场人员配置	1. 施工负责人应为施工总承包单位人员（落实"同进同出"相关要求）。 2. 施工负责人、安全监护人、电焊工、电工、测量员、质检员等人员配置齐全（其中施工负责人：1人；安全监护人：1人；电焊工：1～2人；电工：1人；测量员：1人；质检员：1人；其他人员：10人）	□合格 □不合格	□合格 □不合格	□合格 □不合格
		现场人员要求	1. 重要岗位和特种作业人员持证上岗（如项目经理、专职安全员、电工、电焊工、测量员）。 2. 项目经理、项目总工、专职安全员、专职质量员应通过公司的基建安全培训和考试合格后持证上岗。	□合格 □不合格	□合格 □不合格	□合格 □不合格

工序	类别	检查内容	检查标准	检查结果		
				施工项目部	监理项目部	业主项目部
附属工程施工	人员	现场人员要求	3. 施工负责人、工作票签发人、工作许可人应经公司安监部门考试合格并备案后方可担任。 4. 其他施工人员上岗前应进行岗位培训及安全教育。 5. 焊工必须穿戴防护面罩、绝缘手套、绝缘鞋等防护装备。 6. 有限空间作业人员必须经相关部门考试合格并备案后方可担任	□合　格 □不合格	□合　格 □不合格	□合　格 □不合格
	设备	现场设备配置	工器具（电焊机、电动葫芦、通风机等）、安全设施（安全带、消防器材、有毒有害气体检测仪等）和计量仪器（磅秤等）、测量仪器（经纬仪等）的数量、规格符合施工方案的要求，配置信息见表1-8-3	□合　格 □不合格	□合　格 □不合格	□合　格 □不合格
		现场设备要求	1. 工器具、安全设施和计量仪器的定期检验合格证明齐全，且在有效期内。 2. 工器具、安全设施的进场检查记录齐全、规范，涉及设备租赁，须在作业前签订租赁合同及安全协议。 3. 现场设备有序布置、分类码放、标识清晰，具备机械设备合格证及有效检测报告；龙门架整体验收合格。 4. 在电焊及气焊周围严禁堆放易燃、易爆物品。 5. 用电设备应可靠接地	□合　格 □不合格	□合　格 □不合格	□合　格 □不合格
	安全技术措施	常规要求	1. 现场灭火器配备齐全。 2. 规范设置供作业人员上下基坑的安全通道（梯子），基坑边缘按规范要求设置安全护栏。 3. 现场应有防雨、防暑、防滑、防冻等季节性安全措施，以保证人员安全	□合　格 □不合格	□合　格 □不合格	□合　格 □不合格
		专项措施	1. 脚手架搭设牢固。 2. 隧道施工强制通风	□合　格 □不合格	□合　格 □不合格	□合　格 □不合格
		施工示意图	如图1-8-1所示	□合　格 □不合格	□合　格 □不合格	□合　格 □不合格

施工项目部自查日期：　　　　　　　　监理项目部检查日期：　　　　　　　　业主项目部检查日期：

检查人签字：　　　　　　　　　　　　检查人签字：　　　　　　　　　　　　检查人签字：

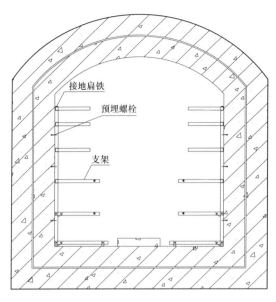

图 1-8-1 隧道内支架扁铁安装示意图

各参建单位及各二级巡检组监督检查情况见表 1-8-2。

表 1-8-2   各参建单位及各二级巡检组监督检查情况

建管单位：	监理单位：	施工单位：
（建设管理、监理、施工单位及各自二级巡检组监督检查情况，应填写检查单位、检查时间、检查人员及检查结果）		

表 1-8-3   现场主要设备配置表

设备名称	规格和数量
电焊机	1～2 台
气割机	1～2 套
钢丝绳	ϕ72mm×6m，4 根
控制绳	ϕ11mm×100m，2 根
测量仪器	全站仪，1 台；水平仪，1 台
通风机	JBT62-2，1～2 台

1.9 竖井回填施工

竖井回填施工检查表见表1-9-1。

表 1-9-1　　　　　　　　　　　　竖井回填施工检查表

工程名称：　　　　　　　　　　　　　　　　　　　井位：

工序	类别	检查内容	检查标准	检查结果		
				施工项目部	监理项目部	业主项目部
竖井回填施工	组织措施	现场资料配置	施工现场应留存下列资料： 1. 竖井回填施工专项安全施工方案或作业指导书。 2. 安全交底记录，技术交底记录。 3. 安全施工作业票。 4. 工作票交底视频录像	□合格 □不合格	□合格 □不合格	□合格 □不合格
		现场资料要求	1. 施工方案编制和审批手续齐全，施工负责人正确描述方案主要内容，现场按照施工方案执行。 2. 三级及以上风险等级工序作业前，办理"输变电工程安全施工作业票B"，制定"输变电工程施工作业风险控制卡"，补充风险控制措施，并由项目经理签发，填写风险复测单。 3. 安全风险识别、评估准确，各项预控措施具有针对性。 4. 作业开始前，工作负责人对作业人员进行全员交底，内容与施工方案一致，并组织全员签字，工作内容与人员再次发生变化时须再次交底并填写工作票。 5. 作业过程中，工作负责人按照作业流程，逐项确认风险控制措施落实情况。 6. 作业票的工作内容、施工人员与现场一致	□合格 □不合格	□合格 □不合格	□合格 □不合格
		现场安全文明施工标准化要求	1. 施工区设置安全围栏（围挡），与非施工区隔离。 2. 施工区入口处设安全警示牌：①必须戴安全帽；②当心落物。 3. 施工人员应统一佩戴胸卡，统一着装，正确佩戴安全防护用品，工作负责人穿红马甲，安全监护人穿黄马甲。 4. 工器具、材料分类码放整齐，标识清晰。 5. 进场土方未回填前须覆盖。 6. 进出场渣土车清洗干净	□合格 □不合格	□合格 □不合格	□合格 □不合格

工序	类别	检查内容	检查标准	检查结果		
				施工项目部	监理项目部	业主项目部
竖井回填施工	人员	现场人员配置	1. 施工负责人应为施工总承包单位人员（落实"同进同出"相关要求）。 2. 施工负责人、安全监护人、电焊工、电工、测量员、质检员等人员配置齐全（其中施工负责人：1人；安全监护人：1人；电焊工：1～2人；电工：1人；测量员1人；质检员：1人；其他人员：10人）	□合 格 □不合格	□合 格 □不合格	□合 格 □不合格
		现场人员要求	1. 重要岗位和特种作业人员持证上岗（如项目经理、专职安全员、电工、电焊工、测量员）。 2. 项目经理、项目总工、专职安全员、专职质量员应通过公司的基建安全培训和考试合格后持证上岗。 3. 施工负责人、工作票签发人、工作许可人应经公司安监部门考试合格并备案后方可担任。 4. 其他施工人员上岗前应进行岗位培训及安全教育。 5. 焊工必须穿戴防护面罩、绝缘手套、绝缘鞋等防护装备。 6. 有限空间作业人员必须经相关部门考试合格并备案后方可担任	□合 格 □不合格	□合 格 □不合格	□合 格 □不合格
	设备	现场设备配置	工器具（打夯机、电焊机、电动葫芦等）、安全设施（围栏、警示标志等）和计量仪器（磅秤等）、测量仪器（经纬仪等）的数量、规格符合施工方案的要求，配置信息见表1-9-3	□合 格 □不合格	□合 格 □不合格	□合 格 □不合格
		现场设备要求	1. 工器具、安全设施和计量仪器的定期检验合格证明齐全，且在有效期内。 2. 工器具、安全设施的进场检查记录齐全、规范，涉及设备租赁，须在作业前签订租赁合同及安全协议。 3. 现场设备有序布置、分类码放、标识清晰，具备机械设备合格证及有效检测报告；龙门架整体验收合格。 4. 在电焊及气焊周围严禁堆放易燃、易爆物品。 5. 用电设备应可靠接地	□合 格 □不合格	□合 格 □不合格	□合 格 □不合格

续表

工序	类别	检查内容	检查标准	检查结果		
				施工 项目部	监理 项目部	业主 项目部
竖井回填施工	安全技术措施	常规要求	1. 打夯机是否完好。 2. 现场应有防雨、防暑、防滑、防冻等季节性安全措施，以保证人员安全	□合　格 □不合格	□合　格 □不合格	□合　格 □不合格
		专项措施	1. 打夯机施工过程中前方禁止其他人员操作。 2. 打夯机操作人员必须穿绝缘鞋，戴绝缘手套。 3. 整理线路人员必须穿绝缘鞋，戴绝缘手套	□合　格 □不合格	□合　格 □不合格	□合　格 □不合格
		施工示意图	无	□合　格 □不合格	□合　格 □不合格	□合　格 □不合格

施工项目部自查日期：　　　　　　监理项目部检查日期：　　　　　　业主项目部检查日期：

检查人签字：　　　　　　　　　　检查人签字：　　　　　　　　　　检查人签字：

各参建单位及各二级巡检组监督检查情况见表 1-9-2。

表 1-9-2　　　　　　　各参建单位及各二级巡检组监督检查情况

建管单位：	监理单位：	施工单位：
（建设管理、监理、施工单位及各自二级巡检组监督检查情况，应填写检查单位、检查时间、检查人员及检查结果） 		

表 1-9-3　　　　　　　现场主要设备配置表

设备名称	规格和数量
打夯机	1 台
测量仪器	水平仪，1 台

2 隧道盾构工程

2.1 围护桩施工

围护桩施工检查表见表 2-1-1。

表 2-1-1 围护桩施工检查表

工程名称： 井号：

工序	类别	检查内容	检查标准	检查结果		
				施工项目部	监理项目部	业主项目部
围护桩施工	组织措施	现场资料配置	1. 围护桩专项施工方案编制和审批手续。 2. 现场风险交底材料：交底记录或施工作业票及视频或录音资料。 3. 安全施工作业票、动火票。 4. 输变电工程施工作业风险控制卡	□合格 □不合格	□合格 □不合格	□合格 □不合格
		现场资料要求	1. 施工方案编制和审批及专家论证手续齐全，施工负责人参与方案的编制，能够正确描述方案主要内容，现场严格按照施工方案执行。 2. 施工方案现场备存。 3. 三级及以上风险等级工序作业前，办理"输变电工程安全施工作业票B"，制定"输变电工程施工作业风险控制卡"，补充风险控制措施，并由项目经理签发，填写风险复测单。 4. 安全风险识别、评估准确，各项预控措施具有针对性。 5. 作业开始前，工作负责人对作业人员进行全员交底，内容与施工方案一致，并组织全员签字，工作内容与人员发生变化时须再次交底并填写作业票。 6. 作业过程中，工作负责人按照作业流程，逐项确认风险控制措施落实情况。 7. 作业票的工作内容、施工人员与现场一致	□合格 □不合格	□合格 □不合格	□合格 □不合格
		现场安全文明施工标准化要求	1. 施工区设置安全围栏和安全警示标识。 2. 施工区入口处设安全警示牌：①必须戴安全帽；②高处作业必须系安全带；③当心落物。 3. 施工人员着装统一，正确佩戴安全防护用品；工作负责人穿红马甲，安全监护人穿黄马甲。 4. 工器具、材料分类码放整齐，标识清晰。 5. 雨季施工降排水设施齐全（集水坑、水泵）。 6. 进出渣土车辆应清理干净。 7. 现场采取降噪、环保等措施。 8. 施工区实行分级配电，配电箱、开关箱位置合格，采用"一机、一闸、一漏、一箱"保护措施	□合格 □不合格	□合格 □不合格	□合格 □不合格

续表

工序	类别	检查内容	检查标准	检查结果		
				施工项目部	监理项目部	业主项目部
围护桩施工	人员	现场人员配置	施工负责人、现场指挥人、安全监护人、测量员、质量员、电焊工、电工、挖掘机司机、起重机司机、司索信号工、其他施工人员等人员配置齐全（其中施工负责人：1人；现场指挥：1人；安全监护：2人；质量员：2人；测量员：5人；电工：3人；电焊工：2人；挖掘机司机：2人；起重机司机：2人；司索信号工：2人；装载机司机：1人；其他施工人员：24人）	□合 格 □不合格	□合 格 □不合格	□合 格 □不合格
		现场人员要求	1. 施工负责人为施工总承包单位人员（落实"同进同出"相关要求）。 2. 起重机司机、司索信号工、挖掘机司机、电工、电焊工，须持有政府部门颁发的特种作业资格证书。 3. 项目经理、项目总工、专职安全员应通过公司的基建安全培训和考试合格后持证上岗。 4. 施工负责人、现场指挥人、安全监护人、质量员、测量员等人员配置齐全，经过培训并考试合格，持有相应证书。 5. 施工人员上岗前应进行岗位培训及安全教育并考试合格	□合 格 □不合格	□合 格 □不合格	□合 格 □不合格
	设备	现场设备配置	1. 汽车式起重机25t：1台。 2. 挖掘机：1台。 3. 旋挖钻机：1台。 4. 电焊机：2台。 5. 测量设备：1套。 6. 装载机：1台。 7. 工器具（锤子、钳子、扳手等）、安全设施（全方位安全带、安全绳、安全密目网）规格符合施工方案的要求。 配置信息见表2-1-3	□合 格 □不合格	□合 格 □不合格	□合 格 □不合格
		现场设备要求	1. 机械设备合格证及有效检测报告。 2. 涉及设备租赁，须在作业前签订租赁合同及安全协议。 3. 设备规格型号需满足施工方案要求。 4. 机械进场前的检查记录，施工过程机械定期检查、维修保养记录。 5. 现场所有设备必须进行有效接地	□合 格 □不合格	□合 格 □不合格	□合 格 □不合格

工序	类别	检查内容	检查标准	检查结果		
				施工项目部	监理项目部	业主项目部
围护桩施工	安全技术措施	常规要求	1. 起重机工作处地面平整稳固，支腿垫木坚硬，配重铁满足吊装及起重机稳定要求，起重机位置满足吊装要求，严格控制起重机回转半径，避免触及周围建筑物与高压线。 2. 施工现场作业区域应设置施工围栏和安全标志。 3. 现场应有防雨、防暑、防滑、防冻等季节性安全措施，以保证人员安全。 4. 根据应急预案，配备应急救援物资，施工过程中发现异常情况，应立即停止施工并启动应急预案	□合格 □不合格	□合格 □不合格	□合格 □不合格
		专项措施	1. 安装前检查钻杆及各部件，确保安装部件无变形。 2. 安装钻杆时，应从动力头开始，逐节往下安装，不得将所需钻杆长度在地面上全部接好后一次起吊安装。 3. 启动钻机钻到 0.5～1m 深，经检查一切正常后，再继续进钻。 4. 钻机运转时，电工要监护作业，防止电缆线缠入钻杆。 5. 钻进时排出孔口的土应随时清除、运走。清除钻杆和螺旋叶片上的泥土，要用铁锹进行，严禁用手清除。 6. 起吊前，应检查起重设备及其安全装置，钢筋笼吊装前必须进行试吊作业，试吊要求：必须在一切工作准备完毕，并经检查无误后进行；试吊过程中，各岗位工作人员按要求进入工作岗位。试吊时将钢筋笼抬离地面 20～50cm 后，对钢筋笼各吊点部位及整体情况进行检查，确认无误后再正式起吊。 7. 钢筋笼起吊时，必须由专人指挥。吊物的下方，严禁任何人员通过或逗留。 8. 切割、焊接和吊运过程中工作区严禁过人，拆除的零部件严禁随意抛落，避免伤人。 9. 使用氧气瓶、乙炔瓶时，两瓶间距不得小于 5m，气瓶与明火及火花散落点的距离不得小于 10m。在焊接、切割点 5m 范围内，应清除易燃易爆物品，确实无法清除时，必须采取可靠的防护隔离措施，氧气瓶与乙炔瓶要有防倾倒措施	□合格 □不合格	□合格 □不合格	□合格 □不合格

续表

工序	类别	检查内容	检查标准	检查结果		
				施工项目部	监理项目部	业主项目部
围护桩施工	安全技术措施	施工示意图	如图 2-1-1 所示 图 2-1-1 施工示意图	□合　格 □不合格	□合　格 □不合格	□合　格 □不合格

施工项目部自查日期：　　　　　　　监理项目部检查日期：　　　　　　　业主项目部检查日期：

检查人签字：　　　　　　　　　　　检查人签字：　　　　　　　　　　　检查人签字：

各参建单位及各二级巡检组监督检查情况见表 2-1-2。

表 2-1-2　　　　　　　　　各参建单位及各二级巡检组监督检查情况

建管单位：	监理单位：	施工单位：
（建设管理、监理、施工单位及各自二级巡检组监督检查情况，应填写检查单位、检查时间、检查人员及检查结果）		

表 2-1-3　　　　　　　　　　　现场主要设备配置表

设备名称	规格和数量
汽车式起重机	25t，1 台
挖掘机	PC200，1 台
装载机	Z50，1 台
旋挖钻机	NSR200C，1 台
电焊机	400A，2 台
测量设备	全站仪，1 套

2.2 基坑开挖及支护

基坑开挖及支护检查表见表 2-2-1。

表 2-2-1　　　　　　　　　　基坑开挖及支护检查表

工程名称：　　　　　　　　　　　　　　　　　　　井号：

工序	类别	检查内容	检查标准	检查结果		
				施工项目部	监理项目部	业主项目部
基坑开挖及支护	组织措施	现场资料配置	1. 深基坑开挖专项施工方案及专家论证、编制和审批手续。 2. 现场风险交底材料：交底记录或施工作业票及视频或录音资料。 3. 安全施工作业票、动火票。 4. 输变电工程施工作业风险控制卡	□合　格 □不合格	□合　格 □不合格	□合　格 □不合格
		现场资料要求	1. 施工方案编制和审批及专家论证手续齐全，施工负责人参与方案的编制，能够正确描述方案主要内容，现场严格按照施工方案执行。 2. 施工方案现场备存。 3. 三级及以上风险等级工序作业前，办理"输变电工程安全施工作业票 B"，制定"输变电工程施工作业风险控制卡"，补充风险控制措施，并由项目经理签发，填写风险复测单。 4. 安全风险识别、评估准确，各项预控措施具有针对性。 5. 作业开始前，工作负责人对作业人员进行全员交底，内容与施工方案一致，并组织全员签字；工作内容与人员发生变化时须再次交底并填写作业票。 6. 作业过程中，工作负责人按照作业流程，逐项确认风险控制措施落实情况。 7. 作业票的工作内容、施工人员与现场一致	□合　格 □不合格	□合　格 □不合格	□合　格 □不合格
		现场安全文明施工标准化要求	1. 施工区设置安全围栏和安全警示标识。 2. 施工区入口处设安全警示牌：①必须戴安全帽；②高处作业必须系安全带；③当心落物。 3. 在出入口增设有限空间作业告示牌及作业人员登记牌。 4. 施工人员着装统一，正确佩戴安全防护用品；工作负责人穿红马甲，安全监护人穿黄马甲。 5. 工器具、材料分类码放整齐，标识清晰。 6. 雨季施工降排水设施齐全（基坑挡水台、基底排水沟、集水坑、水泵）。	□合　格 □不合格	□合　格 □不合格	□合　格 □不合格

续表

工序	类别	检查内容	检查标准	检查结果		
				施工项目部	监理项目部	业主项目部
基坑开挖及支护	组织措施	现场安全文明施工标准化要求	7. 设有竖井上下安全梯。 8. 进出渣土车辆应清理干净。 9. 现场采取降噪、环保等措施。 10. 施工区实行分级配电，配电箱、开关箱位置合格，采用"一机、一闸、一漏、一箱"保护措施	□合　格 □不合格	□合　格 □不合格	□合　格 □不合格
	人员	现场人员配置	施工负责人、现场指挥人、安全监护人、测量员、质量员、电焊工、电工、挖掘机司机、起重机司机、司索信号工、高处作业人员、其他施工人员等配置齐全（其中施工负责人：1人；现场指挥人：1人；高处作业人员：8人；安全监护人：2人；质量员：2人；测量员：5人；电工：3人；电焊工：2人；挖掘机司机：2人；起重机司机：2人；司索信号工：2人；有限空间作业人员：2人；其他施工人员：24人）	□合　格 □不合格	□合　格 □不合格	□合　格 □不合格
		现场人员要求	1. 施工负责人为施工总承包单位人员（落实"同进同出"相关要求）。 2. 起重机司机、司索信号工、挖掘机司机、电工、电焊工，须持有政府部门颁发的特种作业资格证书。 3. 项目经理、项目总工、专职安全员应通过公司的基建安全培训和考试合格后持证上岗。 4. 施工负责人、现场指挥人、安全监护人、质量员、测量员等人员配置齐全，经过培训并考试合格，持有相应证书。 5. 施工人员上岗前应进行岗位培训及安全教育并考试合格	□合　格 □不合格	□合　格 □不合格	□合　格 □不合格
	设备	现场设备配置	1. 汽车式起重机50t：1台。 2. 锚喷机：1台。 3. 搅拌机：1台。 4. 挖掘机：2台。 5. 电焊机：5台。 6. 气割机（氧气、乙炔）。 7. 测量设备：1套。 8. 工器具（锤子、冲击钻、钳子、扳手等）、安全设施（全方位安全带、安全绳、安全密目网）规格符合施工方案的要求。 配置信息见表2-2-3	□合　格 □不合格	□合　格 □不合格	□合　格 □不合格
		现场设备要求	1. 机械设备合格证及有效检测报告。 2. 涉及设备租赁，须在作业前签订租赁合同及安全协议。 3. 设备规格型号需满足施工方案要求。 4. 机械进场前的检查记录，施工过程机械定期检查、维修保养记录。 5. 现场所有设备必须进行有效接地	□合　格 □不合格	□合　格 □不合格	□合　格 □不合格

续表

工序	类别	检查内容	检查标准	检查结果		
				施工项目部	监理项目部	业主项目部
基坑开挖及支护	安全技术措施	常规要求	1. 起重机工作处地面平整稳固，支腿垫木坚硬，配重铁满足吊装及起重机稳定要求，起重机位置满足吊装要求，严格控制起重机回转半径，避免触及周围建筑物与高压线。 2. 高处作业人员一定按照要求系安全带。 3. 作业人员上下必须走安全梯，基坑上安全护栏符合要求。 4. 施工现场作业区域应设置施工围栏和安全标志。挖土开始后在深基坑四周设置防护栏，栏杆构造应符合临边和洞口作业的安全要求，上下设工作扶梯，防止人员坠落。 5. 基坑开挖前要砌筑挡水墙。 6. 现场应有防雨、防暑、防滑、防冻等季节性安全措施，以保证人员安全。 7. 根据应急预案，配备应急救援物资，施工过程中发现异常情况，应立即停止施工并启动应急预案。 8. 施工机械进行有效接地	□合　格 □不合格	□合　格 □不合格	□合　格 □不合格
		专项措施	1. 在基坑开挖过程中需要及时架设支撑，保证基坑正常开挖及支撑在加载过程中围护结构的安全。 2. 竖井开挖作业时，必须统一指挥，垂直运输作业时，必须立即撤至边缘安全位置，土斗落稳时方可靠近作业。 3. 进行基坑围护结构监控量测，发现异常情况，立即停止基坑内一切作业，及时增加支撑。 4. 一般土质条件下弃土堆底至基坑顶边距离不小于1.2m，弃土堆高不超过1.5m，垂直坑壁边坡条件下弃土堆底至基坑顶边距离不小于3m，软土场地的基坑边则不应在基坑边堆土。 5. 要保证钢围檩托架的膨胀螺栓锚固质量控制，防止脱落或松动，钢支撑和钢围檩设置防止坠落措施。 6. 如果基坑开挖过程中，围护结构接缝突然冒砂涌水，应立即停止开挖，采用"支、补、堵"的有效措施。 7. 作业过程中混凝土喷射机喷嘴前及左右5m范围内不得站人，作业间歇时，喷嘴不得对人。	□合　格 □不合格	□合　格 □不合格	□合　格 □不合格

续表

工序	类别	检查内容	检查标准	检查结果		
				施工项目部	监理项目部	业主项目部
基坑开挖及支护	安全技术措施	专项措施	8. 设备、材料、渣土起吊时，必须由专人指挥，吊物的下方，严禁任何人员通过或逗留。 9. 切割、焊接和吊运过程中工作区严禁过人，拆除的零部件严禁随意抛落，避免伤人。 10. 使用氧气瓶、乙炔瓶时，两瓶间距不得小于5m，气瓶与明火及火花散落点的距离不得小于10m，在焊接、切割点5m范围内，应清除易燃易爆物品，确实无法清除时，必须采取可靠的防护隔离措施，氧气瓶与乙炔瓶要有防倾倒措施	□合　格 □不合格	□合　格 □不合格	□合　格 □不合格
		施工示意图	如图2-2-1所示	□合　格 □不合格	□合　格 □不合格	□合　格 □不合格

施工项目部自查日期：　　　　　　　监理项目部检查日期：　　　　　　　业主项目部检查日期：

检查人签字：　　　　　　　　　　　检查人签字：　　　　　　　　　　　检查人签字：

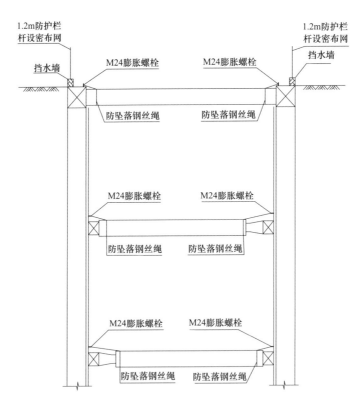

图 2-2-1　施工示意图

各参建单位及各二级巡检组监督检查情况见表 2-2-2。

表 2-2-2　　　　　各参建单位及各二级巡检组监督检查情况

建管单位：	监理单位：	施工单位：
（建设管理、监理、施工单位及各自二级巡检组监督检查情况，应填写检查单位、检查时间、检查人员及检查结果）		

表 2-2-3　　　　　　　　现场主要设备配置表

项目	规格和数量
汽车式起重机	50t，1 台
锚喷机	PZ-5，1 台
搅拌机	JZC350，1 台
挖掘机	PC300，1 台
挖掘机	PC200，2 台
电焊机	400A，5 台
气割机	1 套
测量设备	全站仪，1 套

2.3　基　坑　防　水

基坑防水检查表见表 2-3-1。

表 2-3-1　　　　　　　　基坑防水检查表

工程名称：　　　　　　　　　　　　　　　　　井号：

工序	类别	检查内容	检查标准	检查结果		
				施工项目部	监理项目部	业主项目部
基坑防水	组织措施	现场资料配置	1. 防水施工方案及编制和审批手续。 2. 现场风险交底材料：交底记录或施工作业票及视频或录音资料。 3. 安全施工作业票、动火票。 4. 输变电工程施工作业风险控制卡	□合　格 □不合格	□合　格 □不合格	□合　格 □不合格
		现场资料要求	1. 施工方案编制和审批手续齐全，施工负责人参与方案的编制，能够正确描述方案主要内容，现场严格按照施工方案执行。 2. 施工方案现场备存。	□合　格 □不合格	□合　格 □不合格	□合　格 □不合格

工序	类别	检查内容	检查标准	检查结果		
				施工项目部	监理项目部	业主项目部
基坑防水	组织措施	现场资料要求	3. 三级及以上风险等级工序作业前，办理"输变电工程安全施工作业票B"，制定"输变电工程施工作业风险控制卡"，补充风险控制措施，并由项目经理签发，填写风险复测单。 4. 安全风险识别、评估准确，各项预控措施具有针对性。 5. 作业开始前，工作负责人对作业人员进行全员交底，内容与施工方案一致，并组织全员签字；工作内容与人员发生变化时须再次交底并填写作业票。 6. 作业过程中，工作负责人按照作业流程，逐项确认风险控制措施落实情况。 7. 作业票的工作内容、施工人员与现场一致	□合 格 □不合格	□合 格 □不合格	□合 格 □不合格
		现场安全文明施工标准化要求	1. 施工区设置安全围栏和安全警示标识。 2. 施工区入口处设安全警示牌：①必须戴安全帽；②高处作业必须系安全带；③当心落物。 3. 施工人员着装统一，正确佩戴安全防护用品；工作负责人穿红马甲，安全监护人穿黄马甲。 4. 工器具、材料分类码放整齐，标识清晰。 5. 施工现场配备一定数量的灭火器。 6. 如在有限空间进行防水作业时，应加强通风和有毒有害气体检测，并留存记录。 7. 施工区实行分级配电，配电箱、开关箱位置合格，采用"一机、一闸、一漏、一箱"保护措施。	□合 格 □不合格	□合 格 □不合格	□合 格 □不合格
	人员	现场人员配置	施工负责人、现场指挥人、安全监护人、测量员、质量员、高处作业人员、防水工等人员配置齐全（其中施工负责人：1人；现场指挥人：1人；高处作业人员：5人；起重机司机：1人；司索信号工：1人；安全监护：1人；质量员：2人；测量员：1人；防水工：4人；其他施工人员：5人）	□合 格 □不合格	□合 格 □不合格	□合 格 □不合格
		现场人员要求	1. 施工负责人为施工总承包单位人员（落实"同进同出"相关要求）。 2. 起重机司机、司索信号工、挖掘机司机、电工、电焊工，须持有政府部门颁发的特种作业资格证书。 3. 项目经理、项目总工、专职安全员应通过公司的基建安全培训和考试合格后持证上岗。	□合 格 □不合格	□合 格 □不合格	□合 格 □不合格

工序	类别	检查内容	检查标准	检查结果		
				施工项目部	监理项目部	业主项目部
基坑防水	人员	现场人员要求	4. 施工负责人、现场指挥人、安全监护人、质量员、测量员等人员配置齐全，经过培训并考试合格，持有相应证书。 5. 施工人员上岗前应进行岗位培训及安全教育并考试合格	□合　格 □不合格	□合　格 □不合格	□合　格 □不合格
	设备	现场设备配置	1. 汽车式起重机25t：1台。 2. 射钉枪：4台。 3. 工器具（锤子、壁纸刀、钳子等）、安全设施（全方位安全带、安全绳）规格符合施工方案的要求。 配置信息见表2-3-3	□合　格 □不合格	□合　格 □不合格	□合　格 □不合格
		现场设备要求	1. 起重机检验合格证明。 2. 设备租赁合同及安全协议。 3. 起重机型号满足施工方案的吊装荷载要求。 4. 机械进场前的检查记录。 5. 现场所有设备必须进行有效接地	□合　格 □不合格	□合　格 □不合格	□合　格 □不合格
	安全技术措施	常规要求	1. 起重机工作处地面平整稳固，支腿垫木坚硬，配重铁满足吊装及起重机稳定要求，起重机位置满足吊装要求。 2. 高处作业人员一定按照要求系安全带。 3. 作业人员上下须走安全爬梯，基坑上安全护栏符合要求。 4. 防水工程作为专业分包的，应严格执行国网分包相关规定，分包合同、协议、视频授权、交底、人员资质等齐全有效。 5. 防水工须持证上岗，施工作业人员须正确佩戴安全防护用品。 6. 夜间施工必须配置充足、安全可靠的照明	□合　格 □不合格	□合　格 □不合格	□合　格 □不合格
		专项措施	1. 防水层的原材料，应分别储存在通风并温度符合规定的库房内，严禁将易燃、易爆和相互接触后能引起燃烧、爆炸的材料混合在一起。 2. 作业现场严禁烟火，配置一定数量的灭火器，当需明火时，必须开具动火作业票，必须有专人跟踪检查、监控。 3. 使用射钉枪时要压紧垂直作用在工作面上，射钉枪要专人保管	□合　格 □不合格	□合　格 □不合格	□合　格 □不合格
		施工示意图	如图2-3-1所示	□合　格 □不合格	□合　格 □不合格	□合　格 □不合格

施工项目部自查日期：　　　　监理项目部检查日期：　　　　业主项目部检查日期：

检查人签字：　　　　检查人签字：　　　　检查人签字：

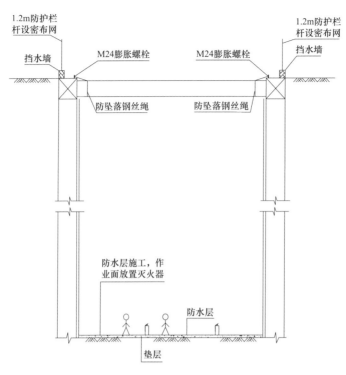

图 2-3-1　基坑防水施工示意图

各参建单位及各二级巡检组监督检查情况见表 2-3-2。

表 2-3-2　　　　　　　各参建单位及各二级巡检组监督检查情况

建管单位：	监理单位：	施工单位：
（建设管理、监理、施工单位及各自二级巡检组监督检查情况，应填写检查单位、检查时间、检查人员及检查结果）		

表 2-3-3　　　　　　　现场主要设备配置表

设备名称	规格和数量
汽车式起重机	25t，1 台
射钉枪	4 台

2.4 二衬结构及隧道内部结构施工

二衬结构及隧道内部结构施工检查表见表 2-4-1。

表 2-4-1　　　　　　　　二衬结构及隧道内部结构施工检查表

工程名称：　　　　　　　　　　　　　　　　　　　　井号：

工序	类别	检查内容	检查标准	检查结果		
				施工项目部	监理项目部	业主项目部
二衬结构及隧道内部结构施工	组织措施	现场资料配置	1. 二衬结构及隧道内部结构专项施工方案及编制和审批手续。 2. 现场风险交底材料：交底记录或施工作业票及视频或录音资料。 3. 安全施工作业票、动火票。 4. 输变电工程施工作业风险控制卡	□合格 □不合格	□合　格 □不合格	□合　格 □不合格
		现场资料要求	1. 施工方案编制和审批手续齐全，施工负责人参与方案的编制，能够正确描述方案主要内容，现场严格按照施工方案执行。 2. 施工方案现场备存。 3. 三级及以上风险等级工序作业前，办理"输变电工程安全施工作业票B"，制定"输变电工程施工作业风险控制卡"，补充风险控制措施，并由项目经理签发，填写风险复测单。 4. 安全风险识别、评估准确，各项预控措施具有针对性。 5. 作业开始前，工作负责人对作业人员进行全员交底，内容与施工方案一致，并组织全员签字；工作内容与人员发生变化时须再次交底并填写作业票。 6. 作业过程中，工作负责人按照作业流程，逐项确认风险控制措施落实情况。 7. 作业票的工作内容、施工人员与现场一致	□合格 □不合格	□合　格 □不合格	□合　格 □不合格
		现场安全文明施工标准化要求	1. 施工区设置安全围栏和安全警示标识。 2. 施工区入口处设安全警示牌：①必须戴安全帽；②高处作业必须系安全带；③当心落物。 3. 施工人员着装统一，正确佩戴安全防护用品；工作负责人穿红马甲，安全监护人穿黄马甲。 4. 工器具、材料分类码放整齐，标识清晰。 5. 施工机械外观完好、接地可靠。 6. 施工区实行分级配电，配电箱、开关箱位置合格，采用"一机、一闸、一漏、一箱"保护措施。 7. 施工机械、施工现场悬挂安全操作规程。 8. 施工区域配置一定数量的灭火器	□合格 □不合格	□合　格 □不合格	□合　格 □不合格

工序	类别	检查内容	检查标准	检查结果		
				施工项目部	监理项目部	业主项目部
二衬结构及隧道内部结构施工	人员	现场人员配置	施工负责人、现场指挥人、安全监护人、测量员、质量员、高处作业人员、电焊工、起重机司机等人员配置齐全（其中施工负责人：1人；现场指挥人：1人；高处作业人员：5人；安全监护人：2人；质量员：2人；测量员：3人；电工：2人；电焊工：4人；起重机司机：2人；其他人员：18人）	□合格 □不合格	□合格 □不合格	□合格 □不合格
		现场人员要求	1. 施工负责人为施工总承包单位人员（落实"同进同出"相关要求）。 2. 起重机司机、司索信号工、挖掘机司机、电工、电焊工，须持有政府部门颁发的特种作业资格证书。 3. 项目经理、项目总工、专职安全员应通过公司的基建安全培训和考试合格后持证上岗。 4. 施工负责人、现场指挥人、安全监护人、质量员、测量员等人员配置齐全，经过培训并考试合格，持有相应证书。 5. 施工人员上岗前应进行岗位培训及安全教育并考试合格	□合格 □不合格	□合格 □不合格	□合格 □不合格
	设备	现场设备配置	1. 汽车式起重机25t：1台。 2. 切断机：1台。 3. 拉直机：1台。 4. 直螺纹机：1套。 5. 弯曲机：1台。 6. 电焊机：2台。 7. 汽车泵：1台。 8. 气割机（氧气、乙炔）。 9. 其他小型设备。 10. 振捣棒：3台。 11. 工器具（锤子、扳手、钳子等）、安全设施（全方位安全带、安全绳）规格符合施工方案的要求。 配置信息见表2-4-3	□合格 □不合格	□合格 □不合格	□合格 □不合格
		现场设备要求	1. 起重机检验合格证明。 2. 设备租赁合同及安全协议。 3. 起重机型号满足施工方案的吊装荷载要求。 4. 机械进场前的检查记录。 5. 现场所有设备必须进行有效接地	□合格 □不合格	□合格 □不合格	□合格 □不合格

续表

工序	类别	检查内容	检查标准	检查结果		
				施工项目部	监理项目部	业主项目部
二衬结构及隧道内部结构施工	安全技术措施	常规要求	1. 起重机工作处地面平整稳固，支腿垫木坚硬，配重铁满足吊装及起重机稳定要求，起重机位置满足吊装要求。 2. 高处作业人员一定按照要求系安全带。 3. 作业人员上下须走安全爬梯，基坑上安全护栏符合要求。 4. 作业现场严禁烟火，配置一定数量的灭火器，当需明火时，必须开具动火作业票，必须有专人跟踪检查、监控。 5. 浇筑作业时必须设专人指挥，分工明确。 6. 振捣器必须经过电工检查，确认无漏电后方可使用。 7. 浇筑人员不得直接在钢筋上踩踏、行走。 8. 各种机械设备（采用"一机一闸、一箱一漏"保护措施），外壳可靠接地。 9. 夜间施工时设置充足、安全可靠的照明。 10. 根据应急预案，配备应急救援物资，施工过程中发现异常情况，应立即停止施工并启动应急预案	□合格 □不合格	□合格 □不合格	□合格 □不合格
		专项措施	1. 混凝土分层对称浇筑，相邻两层浇筑时间间隔合理，必要时使用串筒、溜槽等工具。 2. 混凝土泵送混凝土时，宜设2名以上人员牵引布料杆。泵送管口必须安装牢固。 3. 振捣工、瓦工作业禁止踩踏模板支撑；振捣工作业要穿好绝缘靴、戴好绝缘手套，搬动振动器或暂停工作应将振动器电源切断，不得将振动着的振动器放在模板、脚手架或未凝固的混凝土上。 4. 移动振捣器或暂停作业时，必须切断电源，相邻的电源线严禁缠绕交叉。 5. 脚手架拆除时，经技术部门和安全员检查同意后再拆除，并按自上而下逐步下降进行；杜绝将架杆、扣件、模板等向下抛掷。 6. 模板运输时，施工人员应从安全梯上下，不得在模板、支撑上攀登。严禁在高处的独木或悬吊式模板上行走。 7. 浇筑混凝土作业时，模板仓内必须使用低压照明。 8. 模板拆除应按顺序分段进行，严禁猛撬、硬砸及大面积撬落或拉倒；高处拆模应划定警戒范围，设置安全警戒标志并设专人监护，在拆模范围内严禁非操作人员进入。 9. 切断长度小于300mm的钢筋必须用钳子夹牢，且钳柄不得短于500mm，严禁直接用手把持。	□合格 □不合格	□合格 □不合格	□合格 □不合格

续表

工序	类别	检查内容	检查标准	检查结果		
				施工项目部	监理项目部	业主项目部
二衬结构及隧道内部结构施工	安全技术措施	专项措施	10. 按规范和施工方案加工制作、布置马凳。 11. 垫板材质为木质或槽钢，长度不少于两跨，木质垫板厚度不小于50mm，搬运垫板时两人一组不得扔摔，铺设垫板要保证垫板和地面接触坚实，位置必须准确。 12. 剪刀撑杆的接长采用搭接，搭接长度不得小于1m，应采用不少于3个旋转扣件固定。 13. 机械设备的控制开关应安装在操作人员附近，并保证电气绝缘性能可靠。 14. 模板采用木方加固时，绑扎后应将铁丝末端应处理，以防剐伤人	□合　格 □不合格	□合　格 □不合格	□合　格 □不合格
		施工示意图	如图2-4-1所示	□合　格 □不合格	□合　格 □不合格	□合　格 □不合格

施工项目部自查日期：　　　　　　监理项目部检查日期：　　　　　　业主项目部检查日期：

检查人签字：　　　　　　　　　　检查人签字：　　　　　　　　　　检查人签字：

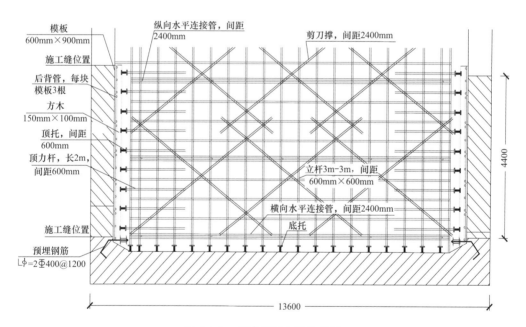

图2-4-1　侧墙模板支搭示意图

注　1. 顶力杆在预留洞口处布置可稍稀；

　　2. 顶力杆和相交的立杆均用十字卡子卡住；

　　3. 满堂红立杆间距为600mm×600mm，边上间距缩为300mm；

　　4. 满堂红纵横向水平间距均为1200mm；

　　5. 为保证满堂红架子的整体性，纵横竖向、斜向增设6m长架子管，和相交立杆、水平杆卡住，间距2400mm；

　　6. 混凝土浇筑速度不超过0.5m/h；

　　7. 内端弯钩，外端套丝，预埋时标高在下一步侧墙模板下，和内侧主筋焊接，模板位置设接驳器；立侧墙模板时用双层22号工字钢做锁底环梁；

　　8. 中隔墙采用对拉螺栓拉紧锁底梁；

　　9. 后背管上预留元宝卡，用紧绳和联系钢管拉紧，保证模板的垂直度。

各参建单位及各二级巡检组监督检查情况见表 2-4-2。

表 2-4-2　　　　　　　各参建单位及各二级巡检组监督检查情况

建管单位:	监理单位:	施工单位:
（建设管理、监理、施工单位及各自二级巡检组监督检查情况，应填写检查单位、检查时间、检查人员及检查结果）		

表 2-4-3　　　　　　　　　现场主要设备配置表

设备名称	规格和数量
汽车式起重机	25t，1 台
切断机	GQ40，1 台
拉直机	GT4-14，1 台
直螺纹机	JBG-40K，1 台
弯曲机	GW-20，1 台
汽车泵	42m，1 台
气割机	1 套
振捣棒	$\phi50mm\times6m$，3 台

2.5　盾构竖井端头加固

盾构竖井端头加固检查表见表 2-5-1。

表 2-5-1　　　　　　　　盾构竖井端头加固检查表

工程名称：　　　　　　　　　　　　　　　　井号：

工序	类别	检查内容	检查标准	检查结果 施工项目部	监理项目部	业主项目部
盾构竖井端头加固	组织措施	现场资料配置	1. 端头加固专项施工方案及编制和审批手续。 2. 现场风险交底材料：交底记录或施工作业票及视频或录音资料。 3. 安全施工作业票、动火票。 4. 输变电工程施工作业风险控制卡	□合格 □不合格	□合格 □不合格	□合格 □不合格
		现场资料要求	1. 施工方案编制和审批手续齐全，施工负责人参与方案的编制，能够正确描述方案主要内容，现场严格按照施工方案执行。	□合格 □不合格	□合格 □不合格	□合格 □不合格

工序	类别	检查内容	检查标准	检查结果		
				施工项目部	监理项目部	业主项目部
盾构竖井端头加固	组织措施	现场资料要求	2. 施工方案现场备存。 3. 三级及以上风险等级工序作业前，办理"输变电工程安全施工作业票B"，制定"输变电工程施工作业风险控制卡"，补充风险控制措施，并由项目经理签发，填写风险复测单。 4. 安全风险识别、评估准确，各项预控措施具有针对性。 5. 作业开始前，工作负责人对作业人员进行全员交底，内容与施工方案一致，并组织全员签字；工作内容与人员发生变化时须再次交底并填写作业票。 6. 作业过程中，工作负责人按照作业流程，逐项确认风险控制措施落实情况。 7. 作业票的工作内容、施工人员与现场一致	□合格 □不合格	□合格 □不合格	□合格 □不合格
		现场安全文明施工标准化要求	1. 施工区设置安全围栏和安全警示标识。 2. 施工区入口处设安全警示牌：①必须戴安全帽；②高处作业必须系安全带；③当心落物。 3. 施工人员着装统一，正确佩戴安全防护用品；工作负责人穿红马甲，安全监护人穿黄马甲。 4. 工器具、材料分类码放整齐，标识清晰。 5. 施工机械外观完好、接地可靠。 6. 施工区实行分级配电，配电箱、开关箱位置合格，采用"一机、一闸、一漏、一箱"保护措施。 7. 施工机械、施工现场悬挂安全操作规程。 8. 施工区域配置一定数量的灭火器	□合格 □不合格	□合格 □不合格	□合格 □不合格
	人员	现场人员配置	施工负责人、现场指挥人、安全监护人、测量员、质量员、电工、注浆操作员等人员配置齐全（其中施工负责人：1人；现场指挥人：1人；安全监护人：1人；质量员：1人；测量员：2人；电工：2人；注浆操作员：5人；起重机司机：1人；电焊工：1人；其他施工人员：3人）	□合格 □不合格	□合格 □不合格	□合格 □不合格
		现场人员要求	1. 施工负责人为施工总承包单位人员（落实"同进同出"相关要求）。 2. 起重机司机、司索信号工、挖掘机司机、电工、电焊工，须持有政府部门颁发的特种作业资格证书。	□合格 □不合格	□合格 □不合格	□合格 □不合格

续表

工序	类别	检查内容	检查标准	检查结果		
				施工项目部	监理项目部	业主项目部
盾构竖井端头加固	人员	现场人员要求	3. 项目经理、项目总工、专职安全员应通过公司的基建安全培训和考试合格后持证上岗。 4. 施工负责人、现场指挥人、安全监护人、质量员、测量员等人员配置齐全，经过培训并考试合格，持有相应证书。 5. 施工人员上岗前应进行岗位培训及安全教育并考试合格	□合　格 □不合格	□合　格 □不合格	□合　格 □不合格
	设备	现场设备配置	1. 汽车式起重机25t：1台。 2. 旋喷钻机：1台。 3. 注浆泵：1台。 4. 搅拌机：1台。 5. 工器具（锤子、扳手、钳子等）规格符合施工方案的要求	□合　格 □不合格	□合　格 □不合格	□合　格 □不合格
		现场设备要求	1. 机械设备合格证及有效检测报告。 2. 涉及设备租赁，须在作业前签订租赁合同及安全协议。 3. 设备规格型号需满足施工方案要求。 4. 机械进场前的检查记录。 5. 现场所有设备必须进行有效接地。 配置信息见表2-5-3	□合　格 □不合格	□合　格 □不合格	□合　格 □不合格
	安全技术措施	常规要求	1. 确保加固土体的强度、整体性及地下水含量情况，通过检查岩芯的固化效果对加固的效果进行判断。 2. 起重机工作处地面平整稳固，支腿垫木坚硬，配重铁满足吊装及起重机稳定要求，起重机位置满足吊装要求。 3. 搭设作业平台，按要求架设安全护栏。 4. 高处作业人员一定按照要求系安全带。 5. 作业现场严禁烟火，配置一定数量的灭火器，当需明火时，必须开具动火作业票，必须有专人跟踪检查、监控。 6. 现场应有防雨、防暑、防滑、防冻等季节性安全措施，以保证人员安全。 7. 根据应急预案，配备应急救援物资，施工过程中发现异常情况，应立即停止施工并启动应急预案	□合　格 □不合格	□合　格 □不合格	□合　格 □不合格
		专项措施	1. 洞门凿除的原则是"合理分块、自下而上、快速凿除、确保安全"。 2. 凿除洞门前应先开勘察孔，确认土体加固效果，确保安全后再凿除洞口。 3. 加固注浆要严格按照专项方案施工，控制好注浆压力，防止浆液从洞门泄漏。	□合　格 □不合格	□合　格 □不合格	□合　格 □不合格

续表

工序	类别	检查内容	检查标准	检查结果		
				施工项目部	监理项目部	业主项目部
盾构竖井端头加固	安全技术措施	专项措施	4. 钻机运转时，电工要监护作业，防止电缆线缠入钻杆。 5. 高压注浆时，作业人员不得在注浆管3m范围内停留	□合　格 □不合格	□合　格 □不合格	□合　格 □不合格
		施工示意图	如图 2-5-1 所示 图 2-5-1　盾构洞口凿除分块图	□合　格 □不合格	□合　格 □不合格	□合　格 □不合格

施工项目部自查日期：　　　　　　监理项目部检查日期：　　　　　　业主项目部检查日期：

检查人签字：　　　　　　　　　　检查人签字：　　　　　　　　　　检查人签字：

各参建单位及各二级巡检组监督检查情况见表 2-5-2。

表 2-5-2　　　　　　　各参建单位及各二级巡检组监督检查情况

建管单位：	监理单位：	施工单位：
（建设管理、监理、施工单位及各自二级巡检组监督检查情况，应填写检查单位、检查时间、检查人员及检查结果）		

表 2-5-3　　　　　　　　　现场主要设备配置表

设备名称	规格和数量
汽车式起重机	25t，1 台
旋喷钻机	XL-50 型，1 台
搅拌机	NJ-1200，1 台
注浆泵	ZJP/BP90 型，1 台

2.6 龙门式起重机安装

龙门式起重机安装检查表见表2-6-1。

表2-6-1 龙门式起重机安装检查表

工程名称： 井号：

工序	类别	检查内容	检查标准	检查结果		
				施工项目部	监理项目部	业主项目部
龙门式起重机安装	组织措施	现场资料配置	1. 龙门式起重机安装专项施工方案及专家论证审批手续。 2. 现场风险交底材料：交底记录或施工作业票及视频或录音资料。 3. 安全施工作业票、动火票。 4. 输变电工程施工作业风险控制卡	□合 格 □不合格	□合 格 □不合格	□合 格 □不合格
		现场资料要求	1. 施工方案编制、审批及专家论证手续齐全，施工负责人正确描述方案主要内容，现场严格按照施工方案执行。 2. 施工方案及检验合格证明现场备存。 3. 三级及以上风险等级工序作业前，办理"输变电工程安全施工作业票B"，制定"输变电工程施工作业风险控制卡"，补充风险控制措施，并由项目经理签发，填写风险复测单。 4. 安全风险识别、评估准确，各项预控措施具有针对性。 5. 作业开始前，工作负责人对作业人员进行全员交底，内容与施工方案一致，并组织全员签字；工作内容与人员发生变化时须再次交底并填写作业票。 6. 作业过程中，工作负责人按照作业流程，逐项确认风险控制措施落实情况。 7. 作业票的工作内容、施工人员与现场一致。 8. 龙门式起重机检验合格证明。 9. 龙门式起重机运行维护记录及维修记录	□合 格 □不合格	□合 格 □不合格	□合 格 □不合格
		现场安全文明施工标准化要求	1. 施工区设置安全围栏（围挡）或安全警示标识，与非施工区隔离。 2. 施工区入口处设安全警示牌：①必须戴安全帽；②高处作业必须系安全带；③当心落物。 3. 施工人员着装统一，正确佩戴安全防护用品，工作负责人穿红马甲，安全监护人穿黄马甲。 4. 工器具、材料分类码放整齐，标识清晰。 5. 起重吊装作业设警戒标志和专职监护人员。 6. 施工区实行分级配电，配电箱、开关箱位置合格，采用"一机、一闸、一漏、一箱"保护措施	□合 格 □不合格	□合 格 □不合格	□合 格 □不合格

续表

工序	类别	检查内容	检查标准	检查结果		
				施工项目部	监理项目部	业主项目部
龙门式起重机安装	人员	现场人员配置	施工负责人、现场指挥人、安全监护人、测量员、电工、起重机司机、司索信号工、高处作业人员、其他施工人员等人员配置齐全（其中施工负责人：1人；现场指挥人：1人；安全监护人：1人；测量员：1人；电工：1人；电焊工：1～2人；起重机司机：2人；司索信号工：2人；高处作业：4人；其他人员：4人）	□合　格 □不合格	□合　格 □不合格	□合　格 □不合格
		现场人员要求	1. 施工负责人为施工总承包单位人员（落实"同进同出"相关要求）。 　　2. 起重机司机、司索信号工、挖掘机司机、电工、电焊工，须持有政府部门颁发的特种作业资格证书。 　　3. 项目经理、项目总工、专职安全员应通过公司的基建安全培训和考试合格后持证上岗。 　　4. 施工负责人、现场指挥人、安全监护人、质量员、测量员等人员配置齐全，经过培训并考试合格，持有相应证书。 　　5. 施工人员上岗前应进行岗位培训及安全教育并考试合格	□合　格 □不合格	□合　格 □不合格	□合　格 □不合格
	设备	现场设备配置	1. 汽车式起重机350、25t：各1台（应满足专家论证要求）。 　　2. 电焊机：2台。 　　3. 工器具（角磨机、手扳葫芦、地锚、钢丝绳、气动扳手等）、安全设施（全方位安全带、安全绳、吊篮）和测量仪器（全站仪）的数量、规格符合施工方案的要求。 　　配置信息见表2-6-3	□合　格 □不合格	□合　格 □不合格	□合　格 □不合格
		现场设备要求	1. 起重机检验合格证明。 　　2. 设备租赁合同及安全协议。 　　3. 起重机型号满足施工方案的吊装荷载要求。 　　4. 机械进场前的检查记录。 　　5. 工器具、安全设施和测量仪器的定期检验合格证明齐全，且在有效期内。 　　6. 钢丝绳规格应经过计算，符合现场起重要求，不得有断丝现象。 　　7. 现场所有设备必须进行有效接地	□合　格 □不合格	□合　格 □不合格	□合　格 □不合格

续表

工序	类别	检查内容	检查标准	检查结果		
				施工项目部	监理项目部	业主项目部
龙门式起重机安装	安全技术措施	常规要求	1. 夏季配备防暑降温药品,冬季施工配备防寒用品。 2. 遇有雷雨、暴雨、浓雾、沙尘暴、四级及以上大风,不得进行高处作业和吊装等作业。 3. 在霜冻、雨雪后进行高处作业,人员应采取防冻和防滑措施。 4. 起重机工作处地面平整稳固,支腿垫木坚硬,配重铁满足吊装及起重机稳定要求,起重机位置满足吊装要求。 5. 临近高压线吊装作业要保证安全距离,在吊装施工范围设置警戒线。 6. 龙门式起重机安装完成后施工单位组织租赁单位、安装单位参加,进行全面验收,并按规定经技术监督部门检验检测合格。 7. 高处作业人员一定按照要求系安全带。 8. 龙门式起重机防雷装置、接地及各限位装置安全有效。 9. 对试吊过程监控,检验起重机工作状态是否正常。 10. 当需明火时,必须开具动火作业票,必须有专人跟踪检查、监控。 11. 根据应急预案,配备应急救援物资,施工过程中发现异常情况,应立即停止施工并启动应急预案	□合 格 □不合格	□合 格 □不合格	□合 格 □不合格
		专项措施	1. 龙门式起重机组装过程中支腿安装后应及时设置拉线并用手扳葫芦拉紧。 2. 龙门式起重机组立过程中,吊件垂直下方不得有人,受力钢丝绳内侧不得有人。 3. 每个支腿布置 2 根拉线,拉线与地面夹角取45°,拉线与地锚之间连接可靠,锚固满足要求。 4. 组装龙门式起重机的材料及工器具严禁浮搁在已立的支腿和大梁上。 5. 龙门式起重机的临时拉线、钢丝绳等与主梁的连接,应避免钢丝绳直接缠绕主梁。钢丝绳与金属构件绑扎处,应衬垫软物。 6. 地锚埋设深度、位置符合施工方案要求,不得利用树木或外露岩石等承力大小不明物体作为主要受力钢丝绳的地锚。 7. 龙门式起重机安装严格按照专项施工方案执行	□合 格 □不合格	□合 格 □不合格	□合 格 □不合格
		施工示意图	如图 2-6-1 所示	□合 格 □不合格	□合 格 □不合格	□合 格 □不合格

施工项目部自查日期: 监理项目部检查日期: 业主项目部检查日期:

检查人签字: 检查人签字: 检查人签字:

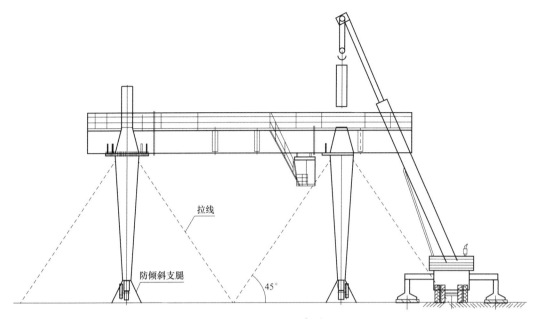

图 2-6-1　施工示意图

各参建单位及各二级巡检组监督检查情况见表 2-6-2。

表 2-6-2　　　　　　各参建单位及各二级巡检组监督检查情况

建管单位：	监理单位：	施工单位：
（建设管理、监理、施工单位及各自二级巡检组监督检查情况，应填写检查单位、检查时间、检查人员及检查结果）		

表 2-6-3　　　　　　　　　现场主要设备配置表

设备名称	规格和数量
汽车式起重机	350t，1 台
	25t，1 台
拉线	ϕ15mm×18m，16 根
钢丝绳卡扣	ϕ15mm，150 个
钢丝绳	ϕ72mm×6m，4 根
控制绳	ϕ11mm×100m，2 根
手扳葫芦	3T×6m，8 个
地锚	现浇钢筋混凝土 1.5m×1.5m×1.8m，6 个
安全设施	全方位安全带，4 套
测量仪器	全站仪，1 台
电焊机	2 台

2.7 龙门式起重机拆除

龙门式起重机拆除检查表见表2-7-1。

表2-7-1 龙门式起重机拆除检查表

工程名称： 井号：

工序	类别	检查内容	检查标准	检查结果		
				施工项目部	监理项目部	业主项目部
龙门式起重机拆除	组织措施	现场资料配置	1. 龙门式起重机拆除专项施工方案及专家论证审批手续。 2. 现场风险交底材料：交底记录或施工作业票及视频或录音资料。 3. 安全施工作业票、动火票。 4. 输变电工程施工作业风险控制卡	□合 格 □不合格	□合 格 □不合格	□合 格 □不合格
		现场资料要求	1. 施工方案编制、审批及专家论证手续齐全，施工负责人正确描述方案主要内容，现场严格按照施工方案执行。 2. 施工方案现场备存。 3. 三级及以上风险等级工序作业前，办理"输变电工程安全施工作业票B"，制定"输变电工程施工作业风险控制卡"，补充风险控制措施，并由项目经理签发，填写风险复测单。 4. 安全风险识别、评估准确，各项预控措施具有针对性。 5. 作业开始前，工作负责人对作业人员进行全员交底，内容与施工方案一致，并组织全员签字；工作内容与人员发生变化时须再次交底并填写作业票。 6. 作业过程中，工作负责人按照作业流程，逐项确认风险控制措施落实情况。 7. 作业票的工作内容、施工人员与现场一致。 8. 龙门式起重机检验合格证明。 9. 龙门式起重机运行维护记录及维修记录	□合 格 □不合格	□合 格 □不合格	□合 格 □不合格
		现场安全文明施工标准化要求	1. 施工区设置安全围栏（围挡）或安全警示标识，与非施工区隔离。 2. 施工区入口处设安全警示牌：①必须戴安全帽；②高处作业必须系安全带；③当心落物。 3. 施工人员着装统一，正确佩戴安全防护用品；工作负责人穿红马甲，安全监护人穿黄马甲。 4. 工器具、材料分类码放整齐，标识清晰。 5. 起重吊装作业设警戒标志和专职监护人员。 6. 施工区实行分级配电，配电箱、开关箱位置合格，采用"一机、一闸、一漏、一箱"保护措施	□合 格 □不合格	□合 格 □不合格	□合 格 □不合格

工序	类别	检查内容	检查标准	检查结果		
				施工项目部	监理项目部	业主项目部
龙门式起重机拆除	人员	现场人员配置	施工负责人、现场指挥人、安全监护人、电工、起重机司机、司索信号工、高处作业人员、其他施工人员等人员配置齐全（其中施工负责人：1人；现场指挥人：1人；安全监护人：1人；电工：1人；电、气焊工：1~2人；起重机司机：2人；司索信号工：2人；高处作业：4人；其他人员：4人）	□合格 □不合格	□合格 □不合格	□合格 □不合格
		现场人员要求	1. 施工负责人为施工总承包单位人员（落实"同进同出"相关要求）。 2. 起重机司机、司索信号工、挖掘机司机、电工、电焊工，须持有政府部门颁发的特种作业资格证书。 3. 项目经理、项目总工、专职安全员应通过公司的基建安全培训和考试合格后持证上岗。 4. 施工负责人、现场指挥人、安全监护人、质量员、测量员等人员配置齐全，经过培训并考试合格，持有相应证书。 5. 施工人员上岗前应进行岗位培训及安全教育并考试合格	□合格 □不合格	□合格 □不合格	□合格 □不合格
	设备	现场设备配置	1. 汽车式起重机350t、25t：各1台（应满足专家论证要求）。 2. 电焊机：2台。 3. 工器具（角磨机、手扳葫芦、地锚、钢丝绳、气动扳手等）、安全设施（全方位安全带、安全绳、吊篮）和测量仪器（全站仪等）的数量、规格符合施工方案的要求。 4. 氧气瓶、乙炔瓶1套。 配置信息见表2-7-3	□合格 □不合格	□合格 □不合格	□合格 □不合格
		现场设备要求	1. 起重机检验合格证明。 2. 设备租赁合同及安全协议。 3. 起重机型号满足施工方案的吊装荷载要求。 4. 机械进场前的检查记录。 5. 工器具、安全设施的定期检验合格证明齐全，且在有效期内。 6. 钢丝绳规格应经过计算，符合现场起重要求，不得有断丝现象。 7. 现场所有设备必须进行有效接地	□合格 □不合格	□合格 □不合格	□合格 □不合格

续表

工序	类别	检查内容	检查标准	检查结果		
				施工项目部	监理项目部	业主项目部
龙门式起重机拆除	安全技术措施	常规要求	1. 夏季配备防暑降温药品，冬季施工配备防寒用品。 2. 遇有雷雨、暴雨、浓雾、沙尘暴、六级及以上大风，不得进行高处作业和吊装等作业。 3. 在霜冻、雨雪后进行高处作业，人员应采取防冻和防滑措施。 4. 起重机工作处地面平整稳固，支腿垫木坚硬，配重铁满足吊装及起重机稳定要求，起重机位置满足吊装要求。 5. 在临近高压线吊装作业要保证安全距离，在吊装施工范围设置警戒线。 6. 高处作业人员一定按照要求系安全带。 7. 对试吊过程监控，检验起重机工作状态是否正常。 8. 当需明火时，必须开具动火作业票，必须有专人跟踪检查、监控；氧气瓶与乙炔瓶之间距离及与明火之间距离符合要求，氧气瓶与乙炔瓶要有防倾倒措施	□合　格 □不合格	□合　格 □不合格	□合　格 □不合格
		专项措施	1. 龙门式起重机拆除过程中主梁拆除前及时设置拉线并用手扳葫芦拉紧。 2. 龙门式起重机拆除过程中，吊件垂直下方不得有人，受力钢丝绳内侧不得有人。 3. 每个支腿布置 2 根拉线，拉线与地面夹角取 45°，拉线与地锚之间连接可靠，锚固满足要求。 4. 拆除龙门式起重机的材料及工器具严禁浮搁在已立的支腿和大梁上。 5. 龙门式起重机的临时拉线、钢丝绳等与主梁的连接，应避免钢丝绳直接缠绕主梁；钢丝绳与金属构件绑扎处，应衬垫软物。 6. 地锚埋设深度、位置符合施工方案要求，不得利用树木或外露岩石等承力大小不明物体作为主要受力钢丝绳的地锚。 7. 临近高压线施工时保持与带电线路的安全距离，设专人监护。 8. 龙门式起重机拆除严格按照专项施工方案执行	□合　格 □不合格	□合　格 □不合格	□合　格 □不合格
		施工示意图	如图 2-7-1 所示	□合　格 □不合格	□合　格 □不合格	□合　格 □不合格

施工项目部自查日期：　　　　　　　　　监理项目部检查日期：　　　　　　　　　业主项目部检查日期：

检查人签字：　　　　　　　　　　　　　检查人签字：　　　　　　　　　　　　　检查人签字：

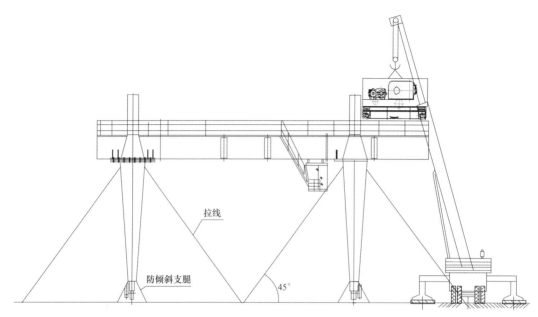

图 2-7-1　施工示意图

各参建单位及各二级巡检组监督检查情况见表 2-7-2。

表 2-7-2　　　　　　　　各参建单位及各二级巡检组监督检查情况

建管单位：	监理单位：	施工单位：
（建设管理、监理、施工单位及各自二级巡检组监督检查情况，应填写检查单位、检查时间、检查人员及检查结果）		

表 2-7-3　　　　　　　　　现场主要设备配置表

设备名称	规格和数量
汽车式起重机	350t，1 台
	25t，1 台
拉线	ϕ15mm×18m，16 根
钢丝绳卡扣	ϕ15mm，150 个
钢丝绳	ϕ72mm×6m，4 根
控制绳	ϕ11mm×100m，2 根
手扳葫芦	3t×6m，8 个
地锚	现浇钢筋混凝土 1.5m×1.5m×1.8m，6 个
安全设施	全方位安全带，4 套
电焊机	2 台
氧气瓶、乙炔瓶	1 套

2.8 盾构机吊装、组装及调试

盾构机吊装、组装及调试检查表见表2-8-1。

表2-8-1　　　　　　　　盾构机吊装、组装及调试检查表

工程名称：　　　　　　　　　　　　　　　　　　　　井号：

工序	类别	检查内容	检查标准	检查结果		
				施工项目部	监理项目部	业主项目部
盾构机吊装、组装及调试	组织措施	现场资料配置	1. 盾构吊装专项施工方案及专家论证与编制、审批手续。 2. 现场风险交底材料：交底记录或施工作业票及视频或录音资料。 3. 安全施工作业票、动火票。 4. 输变电工程施工作业风险控制卡	□合　格 □不合格	□合　格 □不合格	□合　格 □不合格
		现场资料要求	1. 施工方案编制、审批及专家论证手续齐全，施工负责人参与方案的编制，能够正确描述方案主要内容，现场严格按照施工方案执行。 2. 施工方案现场备存。 3. 三级及以上风险等级工序作业前，办理"输变电工程安全施工作业票B"，制定"输变电工程施工作业风险控制卡"，补充风险控制措施，并由项目经理签发，填写风险复测单。 4. 安全风险识别、评估准确，各项预控措施具有针对性。 5. 作业开始前，工作负责人对作业人员进行全员交底，内容与施工方案一致，并组织全员签字；工作内容与人员发生变化时须再次交底并填写作业票。 6. 作业过程中，工作负责人按照作业流程，逐项确认风险控制措施落实情况。 7. 作业票的工作内容、施工人员与现场一致	□合　格 □不合格	□合　格 □不合格	□合　格 □不合格
		现场安全文明施工标准化要求	1. 施工现场规范设置安全警示标识，配置有害气体检测仪。 2. 施工区入口处设安全警示牌：①必须戴安全帽；②高处作业必须系安全带；③当心落物。 3. 施工人员着装统一，正确佩戴安全防护用品，工作负责人穿红马甲，安全监护人穿黄马甲。 4. 工器具、材料分类码放整齐，标识清晰。 5. 施工机械、施工现场悬挂安全操作规程。 6. 在出入口增设有限空间作业告示牌及作业人员登记牌。	□合　格 □不合格	□合　格 □不合格	□合　格 □不合格

续表

工序	类别	检查内容	检查标准	检查结果		
				施工项目部	监理项目部	业主项目部
盾构机吊装、组装及调试	组织措施	现场安全文明施工标准化要求	7. 竖井上下设有安全梯。 8. 施工区实行分级配电，配电箱、开关箱位置合格，采用"一机、一闸、一漏、一箱"保护措施	□合　格 □不合格	□合　格 □不合格	□合　格 □不合格
	人员	现场人员配置	施工负责人、现场指挥人、安全监护人、测量员、质量员、电工、注浆操作员等人员配置齐全（其中施工负责人：1人；现场指挥人：1人；安全监护人：2人；质量员：1人；测量员：2人；电工：2人；焊工：3人；司索信号工：4人；龙门式起重机司机：2人；盾构组装人员：15人；各起重机司机：6人；其他人员：20人）	□合　格 □不合格	□合　格 □不合格	□合　格 □不合格
		现场人员要求	1. 施工负责人为施工总承包单位人员（落实"同进同出"相关要求）。 2. 起重机司机、司索信号工、挖掘机司机、电工、电焊工，须持有政府部门颁发的特种作业资格证书。 3. 项目经理、项目总工、专职安全员应通过公司的基建安全培训和考试合格后持证上岗。 4. 施工负责人、现场指挥人、安全监护人、质量员、测量员等人员配置齐全，经过培训并考试合格，持相应证书。 5. 施工人员上岗前应进行岗位培训及安全教育并考试合格	□合　格 □不合格	□合　格 □不合格	□合　格 □不合格
	设备	现场设备配置	1. 450t、160t起重机：各1台（应满足专家论证要求）。 2. 电焊机：2台。 3. 45t龙门式起重机：1台。 4. 工器具（钢丝绳、手拉葫芦、锤子、扳手、钳子、卡环等）、安全设施（全方位安全带、安全绳）规格符合施工方案的要求。 配置信息见表2-8-3	□合　格 □不合格	□合　格 □不合格	□合　格 □不合格
		现场设备要求	1. 机械设备合格证及有效检测报告。 2. 涉及设备租赁，须在作业前签订租赁合同及安全协议。 3. 设备规格型号需满足施工方案要求。 4. 机械进场前的检查记录。 5. 现场所有设备必须进行有效接地	□合　格 □不合格	□合　格 □不合格	□合　格 □不合格

工序	类别	检查内容	检查标准	检查结果		
				施工项目部	监理项目部	业主项目部
盾构机吊装、组装及调试	安全技术措施	常规要求	1. 凡不影响吊装下井的零部件,应连同各自的台车吊装下井(必须做好固定的工作);凡对吊装下井有影响的台车零部件应拆下,在该台车下井后,随即下井并马上按要求组装。 2. 盾构机组装过程所用起重机信号装置齐全,在起重量臂、吊钩、平衡重等转动体上应标以鲜明的色彩标志。 3. 构件吊装到位后要求固定可靠,再进入下一步操作,严禁将构件浮放在某一处,以免落下发生意外。 4. 对试吊过程进行监控,检验起重机工作状态是否正常。 5. 起重机工作处地面平整稳固,支腿垫木坚硬,配重铁满足吊装及起重机稳定要求,起重机位置满足吊装要求。 6. 当需明火时,必须开具动火作业票,必须有专人跟踪检查、监控。 7. 现场应有防雨、防暑、防滑、防冻等季节性安全措施,以保证人员安全。 8. 高处作业人员一定按照要求系安全带。 9. 安装时连接好各管路接头,防止泄漏;使用过程中经常检查。 10. 吊装前应对钢索进行检查。 11. 根据应急预案,配备应急救援物资,施工过程中发现异常情况,应立即停止施工并启动应急预案	□合　格 □不合格	□合　格 □不合格	□合　格 □不合格
		专项措施	1. 起重机平稳将盾构机部件从运输车吊到地面后,在地面 6.5m×6.5m 范围内铺上枕木,防止盾构机翻转与地面接触时发生变形。 2. 主机吊装须采用吊装扁担,且由 160t 起重机配合起吊,保证反转稳定可靠。 3. 吊装前须计算地基承载力,根据现场实际情况考虑支腿不均匀系数一般取 1.5。 4. 起重机支腿下垫 2m×2m 路基箱保证起重机稳定。 5. 两台起重机在地面同时工作时,由一名信号工统一指挥,两起重机的吊杆不能靠得太近,保持最小距离 1.5m。 6. 起落臂杆把盾构机缓缓吊到距始发架 1m 处停止,一定要保证中盾的水平和垂直满足始发参数后缓慢放在始发架上。	□合　格 □不合格	□合　格 □不合格	□合　格 □不合格

续表

工序	类别	检查内容	检查标准	检查结果		
				施工项目部	监理项目部	业主项目部
盾构机吊装、组装及调试	安全技术措施	专项措施	7. 吊装螺旋输送机时，须在起吊时用手拉葫芦调整好吊装角度。 8. 吊钩悬挂点应与吊物的重心在同一垂直线上，吊钩钢丝绳应保持垂直，严禁偏拉斜吊	□合　格 □不合格	□合　格 □不合格	□合　格 □不合格
		施工示意图	无	□合　格 □不合格	□合　格 □不合格	□合　格 □不合格

施工项目部自查日期：　　　　　　监理项目部检查日期：　　　　　　业主项目部检查日期：

检查人签字：　　　　　　　　　　检查人签字：　　　　　　　　　　检查人签字：

各参建单位及各二级巡检组监督检查情况见表 2-8-2。

表 2-8-2　　　　　　　　各参建单位及各二级巡检组监督检查情况

建管单位：	监理单位：	施工单位：
（建设管理、监理、施工单位及各自二级巡检组监督检查情况，应填写检查单位、检查时间、检查人员及检查结果）		

表 2-8-3　　　　　　　　　　现场主要设备配置表

设备名称	规格和数量
汽车式起重机	450t，1 台；160t，1 台
电焊机	400A，2 台
龙门式起重机	45t，1 台
钢丝绳	65mm×12m，6 根；30mm×12m，4 根
U 形卡环	55t，6 个；5t，4 个；17t，4 个
手拉葫芦	20t，10t，5t
安全带	5 套
安全绳	100m，1 根

2.9 盾构机到达及拆除

盾构机到达及拆除检查表见表 2-9-1。

表 2-9-1　　　　　　　　　　盾构机到达及拆除检查表

工程名称：　　　　　　　　　　　　　　　　　　　井号：

工序	类别	检查内容	检查标准	检查结果		
				施工项目部	监理项目部	业主项目部
盾构机到达及拆除	组织措施	现场资料配置	1. 盾构吊装专项施工方案及专家论证及编制和审批手续。 2. 现场风险交底材料：交底记录或施工作业票及视频或录音资料。 3. 安全施工作业票、动火票。 4. 输变电工程施工作业风险控制卡	□合　格 □不合格	□合　格 □不合格	□合　格 □不合格
		现场资料要求	1. 施工方案编制、审批及专家论证手续齐全，施工负责人参与方案的编制，能够正确描述方案主要内容，现场严格按照施工方案执行。 2. 施工方案现场备存。 3. 三级及以上风险等级工序作业前，办理"输变电工程安全施工作业票B"，制定"输变电工程施工作业风险控制卡"，补充风险控制措施，并由项目经理签发，填写风险复测单。 4. 安全风险识别、评估准确，各项预控措施具有针对性。 5. 作业开始前，工作负责人对作业人员进行全员交底，内容与施工方案一致，并组织全员签字；工作内容与人员发生变化时须再次交底并填写作业票。 6. 作业过程中，工作负责人按照作业流程，逐项确认风险控制措施落实情况。 7. 作业票的工作内容、施工人员与现场一致。 8. 有毒有害气体检测记录	□合　格 □不合格	□合　格 □不合格	□合　格 □不合格
		现场安全文明施工标准化要求	1. 施工现场规范设置安全警示标识，配置有害气体检测仪。 2. 施工区入口处设安全警示牌：①必须戴安全帽；②高处作业必须系安全带；③当心落物。 3. 施工人员着装统一，正确佩戴安全防护用品；工作负责人穿红马甲，安全监护人穿黄马甲。 4. 工器具、材料分类码放整齐，标识清晰。 5. 施工机械、施工现场悬挂安全操作规程。 6. 在出入口增设有限空间作业告示牌及作业人员登记牌。 7. 竖井上下设有安全梯。	□合　格 □不合格	□合　格 □不合格	□合　格 □不合格

工序	类别	检查内容	检查标准	检查结果		
				施工项目部	监理项目部	业主项目部
盾构机到达及拆除	组织措施	现场安全文明施工标准化要求	8. 施工区实行分级配电,配电箱、开关箱位置合格,采用"一机、一闸、一漏、一箱"保护措施	□合 格 □不合格	□合 格 □不合格	□合 格 □不合格
	人员	现场人员配置	施工负责人、现场指挥人、安全监护人、测量员、质量员、电工、盾构机操作手、盾构机拼装员、信号工、盾构机维修、龙门式起重机司机等配置齐全(其中施工负责人:2人;现场指挥人:2人;安全监护人:2人;质量员:2人;测量员:6人;电工:2人;电、气焊工:2人;盾构机操作手:1人;盾构机拼装员:1人;信号工:2人;盾构机维修:12人;龙门式起重机司机:2人;有限空间作业人员:2人;其他人员:20人)	□合 格 □不合格	□合 格 □不合格	□合 格 □不合格
		现场人员要求	1. 施工负责人为施工总承包单位人员(落实"同进同出"相关要求)。 2. 起重机司机、司索信号工、挖掘机司机、电工、电焊工,须持有政府部门颁发的特种作业资格证书。 3. 项目经理、项目总工、专职安全员应通过公司的基建安全培训和考试合格后持证上岗。 4. 施工负责人、现场指挥人、安全监护人、质量员、测量员等人员配置齐全,经过培训并考试合格,持相应证书。 5. 施工人员上岗前应进行岗位培训及安全教育并考试合格	□合 格 □不合格	□合 格 □不合格	□合 格 □不合格
	设备	现场设备配置	1. 盾构机 ϕ6140mm:1台。 2. 龙门式起重机 45t:1台。 3. 电瓶车 24t:2台。 4. 电焊机:5台。 5. 450、160t 汽车式起重:1台(应满足专家论证要求)。 6. 搅拌站设备(全封闭式):1套。 7. 氧气瓶、乙炔瓶1套。 配置信息见表2-9-3	□合 格 □不合格	□合 格 □不合格	□合 格 □不合格
		现场设备要求	1. 机械设备合格证及有效检测报告。 2. 设备规格型号需满足施工方案要求。 3. 机械进场前的检查记录。 4. 计量器具应有检测报告。 5. 现场所有设备必须进行有效接地	□合 格 □不合格	□合 格 □不合格	□合 格 □不合格
	安全技术措施	常规要求	1. 盾构机组装过程所用起重机信号装置齐全,在起重量臂、吊钩、平衡重等转动体上应标以鲜明的色彩标志。 2. 构件吊装到位后要求固定可靠,再进入下一步操作,严禁将构件浮放在某一处,以免落下发生意外。	□合 格 □不合格	□合 格 □不合格	□合 格 □不合格

工序	类别	检查内容	检查标准	检查结果		
				施工项目部	监理项目部	业主项目部
盾构机到达及拆除	安全技术措施	常规要求	3. 对试吊过程进行监控，检验起重机工作状态是否正常。 4. 起重机工作处地面平整稳固，支腿垫木坚硬，配重铁满足吊装及起重机稳定要求，起重机位置满足吊装要求。 5. 当需明火时，必须开具动火作业票，必须有专人跟踪检查、监控；氧气瓶与乙炔瓶之间距离及与明火之间距离符合要求，氧气瓶与乙炔瓶要有防倾倒措施。 6. 现场应有防雨、防暑、防滑、防冻等季节性安全措施，以保证人员安全	□合格 □不合格	□合格 □不合格	□合格 □不合格
		专项措施	1. 盾构机到达前应逐步降低土压力，穿越加固区应减速，控制好土压力、刀盘扭矩、总推力等参数；防止洞口坍塌。 2. 起重机平稳将盾构机部件从井下吊到地面后，在部件翻身区域 6.5m×6.5m 范围内铺上枕木，防止盾构机翻转与地面接触时发生变形。 3. 两台起重机在地面同时工作时，由一名信号工统一指挥，两起重机的吊杆不能靠得太近，保持最小距离 1.5m。 4. 吊钩悬挂点应与吊物的重心在同一垂直线上，吊钩钢丝绳应保持垂直，严禁偏拉斜吊	□合格 □不合格	□合格 □不合格	□合格 □不合格
		施工示意图	无	□合格 □不合格	□合格 □不合格	□合格 □不合格

施工项目部自查日期：　　　　　　监理项目部检查日期：　　　　　　业主项目部检查日期：
检查人签字：　　　　　　　　　　检查人签字：　　　　　　　　　　检查人签字：

各参建单位及各二级巡检组监督检查情况见表 2-9-2。

表 2-9-2　　　　　　各参建单位及各二级巡检组监督检查情况

建管单位：	监理单位：	施工单位：
（建设管理、监理、施工单位及各自二级巡检组监督检查情况，应填写检查单位、检查时间、检查人员及检查结果）		

表 2-9-3　　　　　　　　　　　　现场主要设备配置表

设备名称	规格和数量
汽车式起重机	450t，1台；160t，1台
电焊机	400A，2台
龙门式起重机	45t，1台
钢丝绳	65mm×12m，6根；30mm×12m，4根
U型卡环	55t，6个；5t，4个；17t，4个
手拉葫芦	20t，2个；10t，2个；5t，2个
安全带	5套
安全绳	100m，1根
搅拌站设备（全封闭式）	1套
氧气瓶、乙炔瓶	1套

2.10　盾构机掘进施工

盾构机掘进施工检查表见表 2-10-1。

表 2-10-1　　　　　　　　　　盾构机掘进施工检查表

工程名称：　　　　　　　　　　　　　　　　井号：

工序	类别	检查内容	检查标准	检查结果		
				施工项目部	监理项目部	业主项目部
盾构掘进施工	组织措施	现场资料配置	1. 盾构吊装专项施工方案及专家论证及编制和审批手续。 2. 现场风险交底材料：交底记录或施工作业票及视频或录音资料。 3. 安全施工作业票、动火票。 4. 输变电工程施工作业风险控制卡	□合　格 □不合格	□合　格 □不合格	□合　格 □不合格
		现场资料要求	1. 施工方案编制、审批及专家论证手续齐全，施工负责人参与方案的编制，能够正确描述方案主要内容，现场严格按照施工方案执行。 2. 施工方案现场备存。 3. 三级及以上风险等级工序作业前，办理"输变电工程安全施工作业票B"，制定"输变电工程施工作业风险控制卡"，补充风险控制措施，并由项目经理签发，填写风险复测单。 4. 安全风险识别、评估准确，各项预控措施具有针对性。 5. 作业开始前，工作负责人对作业人员进行全员交底，内容与施工方案一致，并组织全员签字；工作内容与人员发生变化时须再次交底并填写作业票。 6. 作业过程中，工作负责人按照作业流程，逐项确认风险控制措施落实情况。 7. 作业票的工作内容、施工人员与现场一致	□合　格 □不合格	□合　格 □不合格	□合　格 □不合格

工序	类别	检查内容	检查标准	检查结果		
				施工项目部	监理项目部	业主项目部
盾构掘进施工	组织措施	现场安全文明施工标准化要求	1. 施工现场规范设置安全警示标识和安全防护装置。 2. 施工区入口处设安全警示牌：①必须戴安全帽；②高处作业必须系安全带；③当心落物。 3. 施工人员着装统一，正确佩戴安全防护用品；工作负责人穿红马甲，安全监护人穿黄马甲。 4. 工器具、材料分类码放整齐，标识清晰。 5. 施工区实行分级配电，配电箱、开关箱位置合格，采用"一机、一闸、一漏、一箱"保护措施。 6. 施工机械、施工现场悬挂安全操作规程。 7. 在出入口增设有限空间作业告示牌及作业人员登记牌。 8. 施工区域配置一定数量的灭火器。 9. 进出渣土车辆应清理干净。 10. 现场采取降噪、环保等措施	□合 格 □不合格	□合 格 □不合格	□合 格 □不合格
	人员	现场人员配置	施工负责人、现场指挥人、安全监护人、测量员、质量员、电工、盾构机操作手、盾构机拼装员、信号工、挖掘机司机、盾构机维修、叉架起货机司机、龙门式起重机司机等人员配置齐全（其中施工负责人：2人；现场指挥人：2人；安全监护人：2人；检测员：4人；测量员：6人；质量员：1人；电焊工：2人；电工：4人；盾构机操作手：2人；盾构机拼装员：2人；信号工：4人；盾构机维修：4～12人；挖掘机司机：2人；叉架起货机司机：2人；龙门式起重机司机：2人；有限空间作业人员：4人；其他人员：12～36人）	□合 格 □不合格	□合 格 □不合格	□合 格 □不合格
		现场人员要求	1. 施工负责人为施工总承包单位人员（落实"同进同出"相关要求）。 2. 起重机司机、司索信号工、挖掘机司机、电工、电焊工，须持有政府部门颁发的特种作业资格证书。 3. 项目经理、项目总工、专职安全员应通过公司的基建安全培训和考试合格后持证上岗。 4. 施工负责人、现场指挥人、安全监护人、质量员、测量员等人员配置齐全，经过培训并考试合格，持有相应证书。 5. 施工人员上岗前应进行岗位培训及安全教育并考试合格	□合 格 □不合格	□合 格 □不合格	□合 格 □不合格

工序	类别	检查内容	检查标准	检查结果		
				施工项目部	监理项目部	业主项目部
盾构掘进施工	设备	现场设备配置	1. 盾构机 $\phi6140$：1台。 2. 龙门式起重机45t：1台。 3. 电瓶车24t：2台。 4. 电焊机：5台。 5. 挖掘机：1台。 6. 叉架起货机：1台。 7. 通风设备：1套。 8. 搅拌站设备（全封闭式）：1套。 9. 有毒有害气体检测仪。 配置信息见表2-10-3	□合 格 □不合格	□合 格 □不合格	□合 格 □不合格
		现场设备要求	1. 机械设备合格证及有效检测报告。 2. 设备规格型号需满足施工方案要求。 3. 机械进场前的检查记录。 4. 计量器具应有检测报告。 5. 现场所有设备必须进行有效接地	□合 格 □不合格	□合 格 □不合格	□合 格 □不合格
	安全技术措施	常规要求	1. 检查管片质量，在管片运输、装卸、存放、吊装过程中轻起轻落，防止磕伤。 2. 管片堆放高度不能超过规范要求。 3. 及时检查隧道内有毒有害气体含量。 4. 雨季施工防汛物资齐全有效。 5. 经常检查吊装带质量，发现不合格及时更换。 6. 现场应有防雨、防暑、防滑、防冻等季节性安全措施，以保证人员安全。 7. 盾构机作业前必须检查控制仪器、仪表及其他装置，确认处于安全状态。 8. 盾构机启动前必须与拼装手、电瓶车司机等有关人员联系，确认安全后方可操作。 9. 龙门式起重机防雷装置、接地安全有效。 10. 根据应急预案，配备应急救援物资，施工过程中发现异常情况，应立即停止施工并启动应急预案	□合 格 □不合格	□合 格 □不合格	□合 格 □不合格
		专项措施	1. 穿越过程匀速、连续，确保在穿越区不停机土仓加泥加泡沫，改善土体塑流性，施工过程中严格控制掘进土压力；施工中严格控制出土量、控制推进速度与出土量的匹配。 2. 流沙地质条件时，要及时补充新鲜泥浆，泥浆可渗入砂性土层一定的深度，对透水性小的黏性土可用原状土造浆，并使泥浆压力同开挖面土层始终动态平衡。	□合 格 □不合格	□合 格 □不合格	□合 格 □不合格

续表

工序	类别	检查内容	检查标准	检查结果		
				施工项目部	监理项目部	业主项目部
盾构掘进施工	安全技术措施	专项措施	3. 严格控制平衡压力及推进速度设定值，避免其波动范围过大；正确地计算选择合理的舱压。 4. 定期检查盾构机，使盾构机保持良好的工作性能，减小掘进施工时盾构机出现故障的发生概率。 5. 地面设置盾构专用监控室及监控设备，安排专人进行24h监控。 6. 注浆操作人员拆除注浆管路时先确认管路无压力后方可拆除。 7. 管片吊装过程中必须确认吊装带牢固后方可起吊；吊装过程中吊装物下方严禁站人或行走。 8. 电瓶车启动前应先鸣笛示意。 9. 隧道内高压电缆须用绝缘材料绑扎牢固，防止脱落。 10. 盾构掘进过程中，应经常检测隧道内氧气含量，氧气含量达不到要求时，及时安装排风设备进行通风	□合　格 □不合格	□合　格 □不合格	□合　格 □不合格
		施工示意图	如图 2-10-1 所示	□合　格 □不合格	□合　格 □不合格	□合　格 □不合格

施工项目部自查日期：　　　　监理项目部检查日期：　　　　业主项目部检查日期：
检查人签字：　　　　　　　　检查人签字：　　　　　　　　检查人签字：

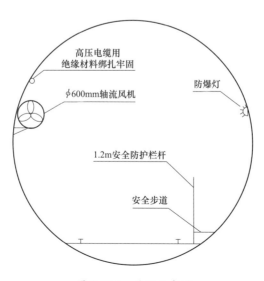

图 2-10-1　施工示意图

各参建单位及各二级巡检组监督检查情况见表 2-10-2。

表 2-10-2 各参建单位及各二级巡检组监督检查情况

建管单位：	监理单位：	施工单位：
（建设管理、监理、施工单位及各自二级巡检组监督检查情况，应填写检查单位、检查时间、检查人员及检查结果）		

表 2-10-3 现场主要设备配置表

设备名称	规格和数量
盾构机	ϕ6140，1 台
龙门式起重机	45t，1 台
电瓶车	24t，2 台
电焊机	400A，5 台
挖掘机	PC200，1 台
叉架起货机	10t，1 台
通风设备	ϕ800mm 风机，1 套
搅拌站设备（全封闭式）	1 套
吊装带	8t，9m，2 根
有毒有害气体检测仪	1 台

2.11 附 属 设 施 施 工

附属设施施工检查表见表 2-11-1。

表 2-11-1 附属设施施工检查表

工程名称： 井号：

工序	类别	检查内容	检查标准	检查结果		
				施工项目部	监理项目部	业主项目部
附属设施施工	组织措施	现场资料配置	1. 施工方案及编制、审批手续。 2. 现场风险交底材料：交底记录或施工作业票及视频或录音资料。 3. 安全施工作业票、动火票。 4. 输变电工程施工作业风险控制卡	□合　格 □不合格	□合　格 □不合格	□合　格 □不合格

工序	类别	检查内容	检查标准	检查结果		
				施工项目部	监理项目部	业主项目部
附属设施施工	组织措施	现场资料要求	1. 施工方案编制和审批手续齐全，施工负责人参与方案的编制，能够正确描述方案主要内容，现场严格按照施工方案执行。 2. 施工方案现场备存。 3. 三级及以上风险等级工序作业前，办理"输变电工程安全施工作业票B"，制定"输变电工程施工作业风险控制卡"，补充风险控制措施，并由项目经理签发，填写风险复测单。 4. 安全风险识别、评估准确，各项预控措施具有针对性。 5. 作业开始前，工作负责人对作业人员进行全员交底，内容与施工方案一致，并组织全员签字；工作内容与人员发生变化时须再次交底并填写作业票。 6. 作业过程中，工作负责人按照作业流程，逐项确认风险控制措施落实情况。 7. 作业票的工作内容、施工人员与现场一致	□合 格 □不合格	□合 格 □不合格	□合 格 □不合格
		现场安全文明施工标准化要求	1. 施工现场规范设置安全警示标识，配置有害气体检测仪。 2. 施工区入口处设安全警示牌：①必须戴安全帽；②高处作业必须系安全带；③当心落物。 3. 施工人员着装统一，正确佩戴安全防护用品；工作负责人穿红马甲，安全监护人穿黄马甲。 4. 工器具、材料分类码放整齐，标识清晰。 5. 施工区实行分级配电，配电箱、开关箱位置合格，采用"一机、一闸、一漏、一箱"保护措施。 6. 施工机械、施工现场悬挂安全操作规程。 7. 在出入口增设有限空间作业告示牌及作业人员登记牌。 8. 施工区域配置一定数量的灭火器	□合 格 □不合格	□合 格 □不合格	□合 格 □不合格
	人员	现场人员配置	施工负责人、现场指挥人、安全监护人、测量员、质量员、电工、信号工、钢筋工、架子工、电焊工、龙门式起重机司机等配置齐全（其中施工负责人：1人；现场指挥人：1人；安全监护人：1人；质量员：2人；测量员：4人；电焊工：6人；电工：2人；钢筋工：5人；架子工：8人；龙门式起重机司机：2人；信号工：2人；有限空间作业人员：2人；其他人员：20人）	□合 格 □不合格	□合 格 □不合格	□合 格 □不合格

续表

工序	类别	检查内容	检查标准	检查结果		
				施工项目部	监理项目部	业主项目部
附属设施施工	人员	现场人员要求	1. 施工负责人为施工总承包单位人员（落实"同进同出"相关要求）。 2. 起重机司机、司索信号工、挖掘机司机、电工、电焊工，须持有政府部门颁发的特种作业资格证书。 3. 项目经理、项目总工、专职安全员应通过公司的基建安全培训和考试合格后持证上岗。 4. 施工负责人、现场指挥人、安全监护人、质量员、测量员等人员配置齐全，经过培训并考试合格，持有相应证书。 5. 施工人员上岗前应进行岗位培训及安全教育并考试合格	□合格 □不合格	□合格 □不合格	□合格 □不合格
	设备	现场设备配置	1.45t龙门式起重机：1台。 2. 电瓶车24t：1台。 3. 手推车：2台。 4. 钢筋切断机：1台。 5. 拉直机：1台。 6. 直螺纹加工机：1套。 7. 弯曲机：1台。 8. 电焊机：6台； 9. ϕ500mm风机：5台。 10. 有毒有害气体检测仪器（能测氧气及有害气体含量）：1台。 11. 测量设备：1套。 配置信息见表2-11-3	□合格 □不合格	□合格 □不合格	□合格 □不合格
		现场设备要求	1. 机械设备合格证及有效检测报告。 2. 设备规格型号需满足施工方案要求。 3. 机械进场前的检查记录。 4. 计量器具应有检测报告。 5. 现场所有设备必须进行有效接地	□合格 □不合格	□合格 □不合格	□合格 □不合格
	安全技术措施	常规要求	1. 隧道清理完毕后验收盾构管片，切实注意隧道内衬砌结构施工的运输安全。 2. 雨季施工防汛物资齐全有效。 3. 龙门式起重机防雷装置、接地安全有效。 4. 施工中，应定期检查电源线路和设备的电器部件，确保用电安全。 5. 电缆支架全长都应有良好的接地。 6. 当需明火时，必须开具动火作业票，配备灭火器，必须有专人跟踪检查、监控	□合格 □不合格	□合格 □不合格	□合格 □不合格

续表

工序	类别	检查内容	检查标准	检查结果		
				施工项目部	监理项目部	业主项目部
附属设施施工	安全技术措施	专项措施	1. 隧道内应强制通风，减少产生有害气体，留有有毒有害气体检测记录。 2. 经常检查吊装带质量，发现不合格及时更换。 3. 电瓶车严禁载人，速度不能大于8km/h。 4. 隧道内照明应采用低压照明。 5. 焊接设备应有完整的保护外壳，一、二次接线柱外应有防护罩，在现场使用的电焊机应防雨、防潮、防晒，并备有消防用品。 6. 支架安装应保持横平竖直，电力电缆支架弯曲半径应满足线径较大电缆的转弯半径；各支架的同层横挡高低偏差不应大于5mm，左右偏差不得大于10mm；组装后的钢结构电缆竖井，其垂直偏差不应大于其长度的2/1000。 7. 脚手架拆除时，经技术部门和安全员检查同意后再拆除，并按自上而下步骤逐步下降进行；杜绝将架杆、扣件、模板等向下抛掷。 8. 浇筑混凝土作业时，模板仓内必须使用低压照明。 9. 机械设备的控制开关应安装在操作人员附近，并保证电气绝缘性能可靠。 10. 模板采用木方加固时，绑扎后进行将铁丝末端进行处理，以防剐伤人	□合格 □不合格	□合格 □不合格	□合格 □不合格
		施工示意图	无	□合格 □不合格	□合格 □不合格	□合格 □不合格

施工项目部自查日期：　　　　监理项目部检查日期：　　　　业主项目部检查日期：

检查人签字：　　　　　　　　检查人签字：　　　　　　　　检查人签字：

各参建单位及各二级巡检组监督检查情况见表2-11-2。

表2-11-2　　　　各参建单位及各二级巡检组监督检查情况

建管单位：	监理单位：	施工单位：
（建设管理、监理、施工单位及各自二级巡检组监督检查情况，应填写检查单位、检查时间、检查人员及检查结果）		

表 2-11-3 现场主要设备配置表

设备名称	规格和数量
龙门式起重机	45t，1 台
电瓶车	24t，1 台
手推车	2 台
切断机	GQ40，1 台
拉直机	GT4-14，1 台
直螺纹加工机	JBG-40K，1 台
弯曲机	GW-20，1 台
电焊机	400A，6 台
吊装带	5t，4m，2 根
通风设备	ϕ500mm 风机，5 台
气体检测仪器	ZEL1103937，1 台
测量设备	全站仪，1 套

3

电力电缆安装工程

3.1 电 缆 敷 设

电缆敷设检查表见表 3-1-1。

表 3-1-1 电 缆 敷 设 检 查 表

工程名称： 电缆段号：

工序	类别	检查内容	检查标准	检查结果		
				施工项目部	监理项目部	业主项目部
电缆敷设	组织措施	现场资料配置	施工现场应留存下列资料： 1. 专项安全施工方案或作业指导书。 2. 安全风险交底材料：交底记录复印件或作业票签字。 3. 安全施工作业票及唱票录音或录像。 4. 输变电工程施工作业风险控制卡	□合 格 □不合格	□合 格 □不合格	□合 格 □不合格
		现场资料要求	1. 施工方案编制和审批手续齐全，施工负责人能够正确描述施工方案主要内容，施工现场按照施工方案执行。 2. 作业票的工作内容及施工人员与现场一致。 3. 安全风险识别、评估准确，各项预控措施具有针对性。 4. 作业开始前，工作负责人对作业人员进行全员交底，内容与施工方案一致，并组织全员签字。 5. 作业过程中，工作负责人按照作业流程，逐项确认风险控制措施落实情况。 6. 作业票全员签字，审批规范	□合 格 □不合格	□合 格 □不合格	□合 格 □不合格
		现场安全文明施工标准化要求	1. 电缆施工现场规范设置安全围栏（分为普通围栏和电缆专用围栏），安全警示标识符合标准。 2. 占路施工安全围栏、围挡、警示牌及标识牌符合标准。 3. 有限空间告知牌和信息牌符合标准。 4. 施工人员着装统一，正确佩戴个体安全防护用具。 5. 工器具、材料分类码放整齐	□合 格 □不合格	□合 格 □不合格	□合 格 □不合格
	人员	现场人员配置	1. 施工负责人：1 人。 2. 安全监护人：1~2 人。 3. 安全质量检查人：1 人。 4. 中级工及以上：2 人。 5. 其他人员：15~30 人	□合 格 □不合格	□合 格 □不合格	□合 格 □不合格
		现场人员要求	1. 项目经理、项目总工、专职安全员通过公司的基建安全培训和考试合格后持证上岗。 2. 施工人员上岗前进行岗位培训及安全教育并考试合格。 3. 有限空间内所有作业施工人员须持有有限空间作业证。	□合 格 □不合格	□合 格 □不合格	□合 格 □不合格

工序	类别	检查内容	检查标准	检查结果		
				施工项目部	监理项目部	业主项目部
电缆敷设	人员	现场人员要求	4. 安全、质量检查人员持有有效资格证书。 5. 中级工及以上级别人员持电缆专业资格证。 6. 进场前安全规程、有限空间作业安全培训考试合格	□合 格 □不合格	□合 格 □不合格	□合 格 □不合格
	设备	现场设备配置	1. 发电机：1台。 2. 电缆输送机：10～20台。 3. 放缆滑车：20个。 配置信息见表3-1-3	□合 格 □不合格	□合 格 □不合格	□合 格 □不合格
		现场设备要求	1. 发电机由专人负责，按照操作规程进行操作。 2. 电缆输送机由专人看护，操作人员熟悉电缆输送机操作方法。 3. 放缆滑车外观完好无损坏。 4. 机械设备具有合格证及有效检测报告。 5. 涉及设备租赁，在作业前签订租赁合同及安全协议。 6. 设备规格型号满足施工方案要求	□合 格 □不合格	□合 格 □不合格	□合 格 □不合格
	安全技术措施	常规要求	1. 重要岗位和特种作业人员持证上岗（如项目经理、安全员、质量员、电工、电焊工、起重机司机等）。 2. 项目经理、项目总工、专职安全员应通过公司的基建安全培训和考试合格后持证上岗。 3. 施工人员上岗前应进行岗位培训及安全教育并考试合格。 4. 每班组应配置1名"同进同出"人员（总包管理人员）。 5. 施工负责人应为施工总承包单位人员（落实"同进同出"相关要求）	□合 格 □不合格	□合 格 □不合格	□合 格 □不合格
		专项措施	1. 进入有限空间作业前，进行评估和准入气体检测，作业进行实时监测，设专人监护，通风良好。 2. 电缆隧道人员上下井口，设置电缆专用圆围栏，防止人员从高处摔落。 3. 电缆隧道井口下，运行和新敷设电缆，用铁桌子或厚木板做防砸、防冲击的保护措施。 4. 临时电源设施、设备有良好接地保护，电源设专人管理，每日工作前检查漏电保护器是否分断正常。	□合 格 □不合格	□合 格 □不合格	□合 格 □不合格

续表

工序	类别	检查内容	检查标准	检查结果		
				施工项目部	监理项目部	业主项目部
电缆敷设	安全技术措施	专项措施	5. 每台电缆输送机接地保护良好，电缆输送机出现故障停电进行检查和修理。 6. 电缆输送机设置间距为 20～30m。 7. 发电机、电缆敷设主控台、动火地点配置足够灭火器，动火工作设专人监护。 8. 电缆盘占路施工，设置区域安全围挡，并按交通管理规定做好交通提示和警示。 9. 电缆敷设进入到变电站和电缆小间施工时，注意保持与运行设备的安全距离，近电作业设专人监护	□合　格 □不合格	□合　格 □不合格	□合　格 □不合格
		施工示意图	如图 3-1-1 所示。 图 3-1-1　施工示意图	□合　格 □不合格	□合　格 □不合格	□合　格 □不合格

施工项目部自查日期：　　　　　　监理项目部检查日期：　　　　　　业主项目部检查日期：

检查人签字：　　　　　　　　　　检查人签字：　　　　　　　　　　检查人签字：

各参建单位及各二级巡检组监督检查情况见表 3-1-2。

表 3-1-2　　　　　　各参建单位及各二级巡检组监督检查情况

建管单位：	监理单位：	施工单位：
（建设管理、监理、施工单位及各自二级巡检组监督检查情况，填写检查单位、检查时间、检查人员及检查结果）		

表 3-1-3　　　　　　　　现场主要设备配置表

设备名称	规格和数量
发电机	150kW 及以上；额定电压：400/230V；1 台
电缆输送机	输送电缆直径：74～180mm；额定输送力：5kN；输送速度：6m/min；夹紧扭矩：50N·m；10～20 台
放缆滑车	输送电缆直径160mm；20 个

3.2 电缆 GIS/变压器终端安装

电缆 GIS/变压器终端安装检查表见表 3-2-1。

表 3-2-1 电缆 GIS/变压器终端安装检查表

工程名称： 接头编号：

工序	类别	检查内容	检查标准	检查结果		
				施工项目部	监理项目部	业主项目部
电缆GIS/变压器终端安装	组织措施	现场资料配置	施工现场应留存下列资料： 1. 专项安全施工方案或作业指导书。 2. 交底记录复印件或作业票签字。 3. 安全施工作业票及唱票录音或录像。 4. 输变电工程施工作业风险控制卡	□合 格 □不合格	□合 格 □不合格	□合 格 □不合格
		现场资料要求	1. 施工方案编制和审批手续齐全，施工负责人能够正确描述施工方案主要内容，施工现场按照施工方案执行。 2. 作业票的工作内容及施工人员与现场一致。 3. 安全风险识别、评估准确，各项预控措施具有针对性。 4. 作业开始前，工作负责人对作业人员进行全员交底，内容与施工方案一致，并组织全员签字。 5. 作业过程中，工作负责人按照作业流程，逐项确认风险控制措施落实情况。 6. 作业票全员签字，审批规范	□合 格 □不合格	□合 格 □不合格	□合 格 □不合格
		现场安全文明施工标准化要求	1. 电缆施工现场规范设置安全围栏（分为普通围栏和电缆专用围栏），安全警示标识符合标准。 2. 占路施工安全围栏、围挡、警示牌及标识牌符合标准。 3. 有限空间告知牌和信息牌符合标准。 4. 施工人员着装统一，正确佩戴个体安全防护用具。 5. 工器具、材料分类码放整齐	□合 格 □不合格	□合 格 □不合格	□合 格 □不合格
	人员	现场人员配置	1. 施工负责人：1人。 2. 安全监护人：1~2人。 3. 安全质量检查人：1人。 4. 中级工及以上：2人。 5. 其他人员：5人	□合 格 □不合格	□合 格 □不合格	□合 格 □不合格
		现场人员要求	1. 项目经理、项目总工、专职安全员通过公司的基建安全培训和考试合格后持证上岗。 2. 其他施工人员上岗前进行岗位培训及安全教育并考试合格。 3. 有限空间内所有作业施工人员须持有有限空间作业证。	□合 格 □不合格	□合 格 □不合格	□合 格 □不合格

续表

工序	类别	检查内容	检查标准	检查结果		
				施工项目部	监理项目部	业主项目部
电缆GIS/变压器终端安装	人员	现场人员要求	4. 安全、质量检查人员持有有效资格证书。 5. 中级工及以上级别人员持有电缆专业资格证书。 6. 接头制作人员持有电缆安装中级工以上资格证书。 7. 进场前安全规程、有限空间作业安全培训考试合格	□合 格 □不合格	□合 格 □不合格	□合 格 □不合格
	设备	现场设备配置	1. 发电机：1台。 2. 接头调直工具：1台。 3. 专用加热设备：1～3台。 4. 导体连接工具：1台。 5. 各种剥切工具：1～3台。 配置信息见表3-2-3	□合 格 □不合格	□合 格 □不合格	□合 格 □不合格
		现场设备要求	1. 发电机由专人负责，按照操作规程进行操作。 2. 接头调直工具外观完好无损坏，操作人员熟悉操作方法。 3. 专用加热设备电源线、测温线、加热带安装正确，温度显示正确，加热过程中有专人看护。 4. 导体连接工具油管接头卡接牢固，无漏油现象，压力表显示正确，操作人员熟悉操作方法。 5. 剥切工具规格符合电缆外径要求，操作人员熟悉操作方法。 6. 设备规格型号满足施工方案要求	□合 格 □不合格	□合 格 □不合格	□合 格 □不合格
	安全技术措施	常规要求	1. 重要施工现场，各级管理人员要到岗到位进行把关。 2. 施工现场与劳务分包人员同进同出，并严格执行双准入管理规定。 3. 季节性施工，防火、防汛、防冻、防滑安全措施到位，夏季配备防暑降温药品，冬季施工配备防寒用品，雪天及时清理施工现场积雪	□合 格 □不合格	□合 格 □不合格	□合 格 □不合格
		专项措施	1. 进入变电站施工，在签发许可后，核实工作地点的GIS、变压器路名和开关号无误后，方可开始工作。 2. 封堵好GIS、变压器孔洞，防止从高处摔落。 3. 在指定区域作业，严禁超范围施工，严禁跨越警示围挡。 4. 注意保持与运行设备的安全距离，近电作业设专人监护。 5. 变电站电缆夹层施工，进行有限空间作业评估和准入气体检测，实时监测、专人监护。	□合 格 □不合格	□合 格 □不合格	□合 格 □不合格

工序	类别	检查内容	检查标准	检查结果		
				施工项目部	监理项目部	业主项目部
电缆GIS/变压器终端安装	安全技术措施	专项措施	6. 临时电源设施、设备有良好接地保护，电源设专人管理，每日工作前检查漏电保护器是否分断正常。 7. 发电机、动火地点配置足够灭火器，动火工作设专人监护。 8. 接头制作时确认电缆各结构层完好无损，对电缆绝缘层及半导电层做好保护措施	□合 格 □不合格	□合 格 □不合格	□合 格 □不合格
		施工示意图	如图 3-2-1 所示 图 3-2-1 施工示意图	□合 格 □不合格	□合 格 □不合格	□合 格 □不合格

施工项目部自查日期：　　　　　　监理项目部检查日期：　　　　　　业主项目部检查日期：

检查人签字：　　　　　　　　　　检查人签字：　　　　　　　　　　检查人签字：

各参建单位及各二级巡检组监督检查情况见表 3-2-2。

表 3-2-2　　　　　　　　各参建单位及各二级巡检组监督检查情况

建管单位：	监理单位：	施工单位：
（建设管理、监理、施工单位及各自二级巡检组监督检查情况，填写检查单位、检查时间、检查人员及检查结果）		

表 3-2-3　　　　　　　　　现场主要设备配置表

设备名称	规格和数量
发电机	额定功率：5.6kW 及以上；额定电压：220V；1 台
接头调直工具	使用最大电缆外径：ϕ160mm；最大出力：50kN；1 台
专用加热设备	温度控制范围：0～250℃；温度控制精度：±1℃；时间设置范围：0～99h；1～3 台
导体连接工具	功率：450W；压力：70MPa；1 台

3.3　电缆户外终端安装

电缆户外终端安装检查表见表3-3-1。

表 3-3-1　　　　　　　　　电缆户外终端安装检查表

工程名称：　　　　　　　　　　　　　　　　　接头编号：

工序	类别	检查内容	检查标准	检查结果		
				施工项目部	监理项目部	业主项目部
电缆户外终端安装	组织措施	现场资料配置	施工现场应留存下列资料： 1. 专项安全施工方案或作业指导书。 2. 交底记录复印件或作业票签字。 3. 安全施工作业票及唱票录音或录像。 4. 输变电工程施工作业风险控制卡	□合　格 □不合格	□合　格 □不合格	□合　格 □不合格
		现场资料要求	1. 施工方案编制和审批手续齐全，施工负责人能够正确描述施工方案主要内容，施工现场按照施工方案执行。 2. 作业票的工作内容及施工人员与现场一致。 3. 安全风险识别、评估准确，各项预控措施具有针对性。 4. 作业开始前，工作负责人对作业人员进行全员交底，内容与施工方案一致，并组织全员签字。 5. 作业过程中，工作负责人按照作业流程，逐项确认风险控制措施落实情况。 6. 作业票全员签字，审批规范	□合　格 □不合格	□合　格 □不合格	□合　格 □不合格
		现场安全文明施工标准化要求	1. 电缆施工现场规范设置安全围栏（分为普通围栏和电缆专用围栏），安全警示标识符合标准。 2. 占路施工安全围栏、围挡、警示牌及标识牌符合标准。 3. 有限空间告知牌和信息牌符合标准。 4. 施工人员着装统一，正确佩戴个体安全防护用具。 5. 工器具、材料分类码放整齐	□合　格 □不合格	□合　格 □不合格	□合　格 □不合格
	人员	现场人员配置	1. 施工负责人：1人。 2. 安全监护人：1人。 3. 安全质量检查人：1人。 4. 中级工及以上：2人。 5. 其他人员：5人	□合　格 □不合格	□合　格 □不合格	□合　格 □不合格
		现场人员要求	1. 项目经理、项目总工、专职安全员通过公司的基建安全培训和考试合格后持证上岗。 2. 施工人员上岗前进行岗位培训及安全教育并考试合格。 3. 有限空间内所有作业施工人员须持有有限空间作业证。	□合　格 □不合格	□合　格 □不合格	□合　格 □不合格

工序	类别	检查内容	检查标准	检查结果		
				施工项目部	监理项目部	业主项目部
电缆户外终端安装	人员	现场人员要求	4. 安全、质量检查人员持有有效资格证书。 5. 中级工及以上级别人员持有电缆专业资格证书。 6. 接头制作人员持有电缆安装中级工以上资格证书。 7. 进场前安全规程、有限空间作业安全培训考试合格	□合　格 □不合格	□合　格 □不合格	□合　格 □不合格
	设备	现场设备配置	1. 发电机：1台。 2. 接头调直工具：1台。 3. 专用加热设备：1～3台。 4. 导体连接工具：1台。 5. 各种剥切工具：1～3台。 配置信息见表 3-3-3	□合　格 □不合格	□合　格 □不合格	□合　格 □不合格
		现场设备要求	1. 发电机由专人负责，按照操作规程进行操作。 2. 接头调直工具外观完好无损坏，操作人员熟悉操作方法。 3. 专用加热设备电源线、测温线、加热带安装正确，温度显示正确，加热过程中有专人看护。 4. 导体连接工具油管接头卡接牢固，无漏油现象，压力表显示正确，操作人员熟悉操作方法。 5. 剥切工具规格符合电缆外径要求，操作人员熟悉操作方法。 6. 设备规格型号满足施工方案要求	□合　格 □不合格	□合　格 □不合格	□合　格 □不合格
	安全技术措施	常规要求	1. 重要施工现场，各级管理人员要到岗到位进行把关。 2. 施工现场与劳务分包人员同进同出，并严格执行双准入管理规定。 3. 季节性施工，防火、防汛、防冻、防滑安全措施到位，夏季配备防暑降温药品，冬季施工配备防寒用品，雪天及时清理施工现场积雪	□合　格 □不合格	□合　格 □不合格	□合　格 □不合格
		专项措施	1. 在变电站设备区和电缆小间施工，在签发许可后，核实工作地点的设备路名和开关号无误后，方可开始工作。 2. 注意人员和物体与运行设备保持安全距离，搬运物品严禁高举，平放搬运。 3. 近电作业设专人监护，施工人员禁止跨越警示围栏，严禁超范围施工。 4. 电缆工作平台上人员系好安全带，所有易飘扬飘洒物品，及时固定和收入垃圾袋，工作平台地脚至少两端接地保护连接。	□合　格 □不合格	□合　格 □不合格	□合　格 □不合格

电力电缆

工序	类别	检查内容	检查标准	检查结果		
				施工项目部	监理项目部	业主项目部
电缆户外终端安装	安全技术措施	专项措施	5. 临时电源设施、设备有良好接地保护，电源设专人管理，每日工作前检查漏电保护器是否分断正常。 6. 发电机、动火地点配置足够灭火器，动火工作设专人监护。 7. 接头制作时确认电缆各结构层完好无损，对电缆绝缘层及半导电层做好保护措施。 8. 对终端套管做好保护措施	□合　格 □不合格	□合　格 □不合格	□合　格 □不合格
		施工示意图	如图 3-3-1 所示 图 3-3-1　施工示意图	□合　格 □不合格	□合　格 □不合格	□合　格 □不合格

施工项目部自查日期：　　　　　监理项目部检查日期：　　　　　业主项目部检查日期：

检查人签字：　　　　　　　　　检查人签字：　　　　　　　　　检查人签字：

各参建单位及各二级巡检组监督检查情况见表 3-3-2。

表 3-3-2　　　　　各参建单位及各二级巡检组监督检查情况

建管单位：	监理单位：	施工单位：
（建设管理、监理、施工单位及各自二级巡检组监督检查情况，填写检查单位、检查时间、检查人员及检查结果）		

表 3-3-3　　　　　　　　现场主要设备配置表

设备名称	规格和数量
发电机	额定功率：5.6kW 及以上；额定电压：220V；1 台
接头调直工具	使用最大电缆外径：ϕ160mm；最大出力：50kN；1 台
专用加热设备	温度控制范围：0～250℃，温度控制精度：±1℃；时间设置范围：0～99h；1～3 台
导体连接工具	功率：450W；压力：70MPa；1 台
各种剥削工具	1～3 台

3.4 电缆中间接头安装

电缆中间接头安装检查表见表3-4-1。

表 3-4-1 　　　　　　　　　　电缆中间接头安装检查表

工程名称：　　　　　　　　　　　　　　　接头编号：

工序	类别	检查内容	检查标准	检查结果		
				施工项目部	监理项目部	业主项目部
电缆中间接头安装	组织措施	现场资料配置	施工现场应留存下列资料： 1. 专项安全施工方案或作业指导书。 2. 交底记录复印件或作业票签字。 3. 安全施工作业票及唱票录音或录像。 4. 输变电工程施工作业风险控制卡	□合　格 □不合格	□合　格 □不合格	□合　格 □不合格
		现场资料要求	1. 施工方案编制和审批手续齐全，施工负责人能够正确描述施工方案主要内容，施工现场按照施工方案执行。 2. 作业票的工作内容及施工人员与现场一致。 3. 安全风险识别、评估准确，各项预控措施具有针对性。 4. 作业开始前，工作负责人对作业人员进行全员交底，内容与施工方案一致，并组织全员签字。 5. 作业过程中，工作负责人按照作业流程，逐项确认风险控制措施落实情况。 6. 作业票全员签字，审批规范	□合　格 □不合格	□合　格 □不合格	□合　格 □不合格
		现场安全文明施工标准化要求	1. 电缆施工现场规范设置安全围栏（分为普通围栏和电缆专用围栏），安全警示标识符合标准。 2. 占路施工安全围栏、围挡、警示牌及标识牌符合标准。 3. 有限空间告知牌和信息牌符合标准。 4. 施工人员着装统一，正确佩戴个体安全防护用具。 5. 工器具、材料分类码放整齐	□合　格 □不合格	□合　格 □不合格	□合　格 □不合格
	人员	现场人员配置	1. 施工负责人：1人。 2. 安全监护人：1人。 3. 安全质量检查人：1人。 4. 中级工及以上：2人。 5. 其他人员：5人	□合　格 □不合格	□合　格 □不合格	□合　格 □不合格
		现场人员要求	1. 项目经理、项目总工、专职安全员通过公司的基建安全培训和考试合格后持证上岗。 2. 施工人员上岗前进行岗位培训及安全教育并考试合格。 3. 有限空间内所有作业施工人员须持有限空间作业证。	□合　格 □不合格	□合　格 □不合格	□合　格 □不合格

工序	类别	检查内容	检查标准	检查结果		
				施工项目部	监理项目部	业主项目部
电缆中间接头安装	人员	现场人员要求	4. 安全、质量检查人员持有有效资格证书。 5. 中级工及以上级别人员持有电缆专业资格证书。 6. 接头制作人员持有电缆安装中级工以上资格证书。 7. 进场前安全规程、有限空间作业安全培训考试合格	□合　格 □不合格	□合　格 □不合格	□合　格 □不合格
	设备	现场设备配置	1. 发电机：1台。 2. 接头调直工具：1台。 3. 专用加热设备：1～3台。 4. 导体连接工具：1台。 5. 各种剥切工具：1～3台。 配置信息见表3-4-3	□合　格 □不合格	□合　格 □不合格	□合　格 □不合格
		现场设备要求	1. 发电机由专人负责，按照操作规程进行操作。 2. 接头调直工具外观完好无损坏，操作人员熟悉操作方法。 3. 专用加热设备电源线、测温线、加热带安装正确，温度显示正确，加热过程中有专人看护。 4. 导体连接工具油管接头卡接牢固，无漏油现象，压力表显示正确，操作人员熟悉操作方法。 5. 剥切工具规格符合电缆外径要求，操作人员熟悉操作方法。 6. 设备规格型号满足施工方案要求	□合　格 □不合格	□合　格 □不合格	□合　格 □不合格
	安全技术措施	常规要求	1. 三级及以上风险作业，各级管理人员要到岗到位进行把关。 2. 施工现场与劳务分包人员同进同出，并严格执行双准入管理规定。 3. 季节性施工，防火、防汛、防冻、防滑安全措施到位，夏季配备防暑降温药品，冬季施工配备防寒用品，雪天及时清理施工现场积雪	□合　格 □不合格	□合　格 □不合格	□合　格 □不合格
		专项措施	1. 进入有限空间作业前，进行评估和准入气体检测，作业进行实时监测，设专人监护，通风良好。 2. 电缆隧道人员上下井口，设置电缆专用圆围栏，防止人员从高处摔落。 3. 电缆隧道井口下，运行和新敷设电缆，用铁桌子或厚木板做防砸、防冲击的保护措施。	□合　格 □不合格	□合　格 □不合格	□合　格 □不合格

工序	类别	检查内容	检查标准	检查结果		
				施工项目部	监理项目部	业主项目部
电缆中间接头安装	安全技术措施	专项措施	4. 发电机专人负责，并做好区域安全围挡，发电机和油料分离存放。 5. 临时电源设施、设备有良好接地保护，电源设专人管理，每日工作前检查漏电保护器是否分断正常。 6. 动火地点配置足够灭火器，动火工作设专人监护。 7. 接头制作时确认电缆各结构层完好无损，对电缆绝缘层及半导电层做好保护措施	□合　格 □不合格	□合　格 □不合格	□合　格 □不合格
		施工示意图	如图 3-4-1 所示 图 3-4-1　施工示意图	□合　格 □不合格	□合　格 □不合格	□合　格 □不合格

施工项目部自查日期：　　　　　　监理项目部检查日期：　　　　　　业主项目部检查日期：

检查人签字：　　　　　　　　　　检查人签字：　　　　　　　　　　检查人签字：

各参建单位及各二级巡检组监督检查情况见表 3-4-2。

表 3-4-2　　　　　　　　各参建单位及各二级巡检组监督检查情况

建管单位：	监理单位：	施工单位：
（建设管理、监理、施工单位及各自二级巡检组监督检查情况，填写检查单位、检查时间、检查人员及检查结果）		

表 3-4-3　　　　　　　　　　现场主要设备配置表

设备名称	规格和数量
发电机	额定功率：5.6kW 及以上；额定电压：220V；1 台
接头调直工具	使用最大电缆外径：ϕ160mm；最大出力：50kN；1 台
专用加热设备	温度控制范围：0～250℃；温度控制精度：±1℃；时间设置范围：0～99h；1～3 台
导体连接工具	功率：450W；压力：70MPa；1 台
各种剥切工具	1～3 台

3.5 电缆停电切改

电缆停电切改检查表见表 3-5-1。

表 3-5-1　　　　　　　　　　　　　　电缆停电切改检查表

工程名称：　　　　　　　　　　　　　　　　　　　　　电缆路名：

工序	类别	检查内容	检查标准	检查结果		
				施工项目部	监理项目部	业主项目部
电缆停电切改	组织措施	现场资料配置	施工现场应留存下列资料： 1. 专项安全施工方案或作业指导书。 2. 交底记录复印件或作业票签字。 3. 安全施工作业票及唱票录音或录像。 4. 输变电工程施工作业风险控制卡	□合　格 □不合格	□合　格 □不合格	□合　格 □不合格
		现场资料要求	1. 施工方案编制和审批手续齐全，施工负责人能够正确描述施工方案主要内容，施工现场按照施工方案执行。 2. 作业票的工作内容及施工人员与现场一致。 3. 安全风险识别、评估准确，各项预控措施具有针对性。 4. 作业开始前，工作负责人对作业人员进行全员交底，内容与施工方案一致，并组织全员签字。 5. 作业过程中，工作负责人按照作业流程，逐项确认风险控制措施落实情况。 6. 作业票全员签字，审批规范	□合　格 □不合格	□合　格 □不合格	□合　格 □不合格
		现场安全文明施工标准化要求	1. 对运行设备区进行有效隔离的围挡和警示符合标准。 2. 正确使用相对应电压等级的验电器和绝缘杆。 3. 正确使用相对应电压等级的接地线。 4. 正确使用绝缘手套。 5. 施工人员着装统一，正确佩戴个体安全防护用具	□合　格 □不合格	□合　格 □不合格	□合　格 □不合格
	人员	现场人员配置	1. 施工负责人：1人。 2. 安全监护人：2人。 3. 安全质量检查人：2人。 4. 中级工及以上：2人。 5. 其他人员：10人。	□合　格 □不合格	□合　格 □不合格	□合　格 □不合格
		现场人员要求	1. 项目经理、项目总工、专职安全员通过公司的基建安全培训和考试合格后持证上岗。 2. 施工人员上岗前进行岗位培训及安全教育并考试合格。 3. 有限空间内所有作业施工人员须持有有限空间作业证。	□合　格 □不合格	□合　格 □不合格	□合　格 □不合格

续表

工序	类别	检查内容	检查标准	检查结果		
				施工项目部	监理项目部	业主项目部
电缆停电切改	人员	现场人员要求	4. 安全、质量检查人员持有有效资格证书。 5. 中级工及以上级别人员持有电缆专业资格证书。 6. 接头制作人员持有电缆安装中级工以上资格证书。 7. 进场前安全规程、有限空间作业安全培训考试合格	□合　格 □不合格	□合　格 □不合格	□合　格 □不合格
	设备	现场设备配置	1. 发电机：1台。 2. 放信号设备：1套。 3. 电缆刺穿接地设备：1套	□合　格 □不合格	□合　格 □不合格	□合　格 □不合格
		现场设备要求	1. 发电机由专人负责，按照操作规程进行操作。 2. 放信号设备接线连接正确，表计显示正常，操作人员熟悉操作方法。 3. 电缆刺穿接地设备接地线连接牢固可靠，油管接头卡接牢固，操作人员熟悉操作方法。 4. 设备规格型号满足施工方案要求	□合　格 □不合格	□合　格 □不合格	□合　格 □不合格
	安全技术措施	常规要求	1. 三级及以上作业现场，各级管理人员要到岗到位进行把关。 2. 施工现场与劳务分包人员同进同出，并严格执行双准入管理规定。 3. 季节性施工，防火、防汛、防冻、防滑安全措施到位，夏季配备防暑降温药品，冬季施工配备防寒用品，雪天及时清理施工现场积雪	□合　格 □不合格	□合　格 □不合格	□合　格 □不合格
		专项措施	1. 接到停电令后，方可开始工作，得令时间、许可人姓名做好记录。 2. 核实停电缆线路两端开关断开、接地保护安全措施执行到位。 3. 对所停电缆线路进行放信号判定，判定后用安全刺锥进行确定，安全刺锥使用前接好地线保护，操作人员距离刺入点2m以上。 4. 安全刺锥刺入电缆达到电缆导体，做好标记，在做好标记的电缆上，使用电锯或手锯断开电缆。 5. 施工完毕，检查自挂地线是否拆除	□合　格 □不合格	□合　格 □不合格	□合　格 □不合格
		施工示意图	无	□合　格 □不合格	□合　格 □不合格	□合　格 □不合格

施工项目部自查日期：　　　　监理项目部检查日期：　　　　业主项目部检查日期：
检查人签字：　　　　检查人签字：　　　　检查人签字：

各参建单位及各二级巡检组监督检查情况见表 3-5-2。

表 3-5-2   各参建单位及各二级巡检组监督检查情况

建管单位：	监理单位：	施工单位：
（建设管理、监理、施工单位及各自二级巡检组监督检查情况，填写检查单位、检查时间、检查人员及检查结果）		

表 3-5-3   现场主要设备配置表

设备名称	规格和数量
发电机	额定功率：5.6kW；额定电压：220V 1 台
放信号设备	脉冲电压：55V；脉冲电流：100A；脉冲频率：30 次/min；脉冲宽度：72ms；接收机参数：内径 120mm，增益调节 10 级，电源 2×1.5V；1 台
电缆刺穿接地设备	适用电缆直径：160mm 及以下；1 台